ラディカルにエコロジーへ

近代文明モデルを超えるために

岡部博圀

海鳥社

はじめに　近代文明モデルの破局はもはや避けられない

岡部博圀

一九九〇年代に入ってから、世界の科学者たちによる地球環境汚染に関するいくつかの重要な研究レポートが相次いで報告された。

その一つは、世界の気象学者三〇〇人以上を組織したＩＰＣＣ（気候変動に関する政府間パネル）の第一次評価報告書で、一九九〇年八月に発表されている。この報告の結論は、温室効果ガスの排出を現状のまま続けるなら、二一〇〇年までには平均気温は三度、海面は六五センチ上昇すると予測し、したがって、現在の濃度で安定化するには直ちに二酸化炭素の六〇％の削減が必要というショッキングな事実だった。

ＩＰＣＣは一九九五年には第二次評価報告書を発表するが、この報告では、大気中の二酸化炭素濃度は二〇五〇年までに現状の二八〇ｐｐｍ[1]からダブリング（二倍になること）を起こす可能性があるので、それを余裕を持って回避するには、四五〇ｐｐｍよりずっと低いレベルで安定させなければならず、そのためには「排出量を直ちに現在レベルの五〇～七〇％

削減し、その後さらに削減を強化する必要がある」と予測していた。

さらに二〇〇一年には第三次評価報告書を発表し、二一世紀末までに一九九〇年と比べ地球の平均気温は最大五・八度上昇し、海面水位は最大八八センチ上昇すると予測する。そして、温室効果ガスの安定後も一〇〇年あたり〇・二〜〇・三度の割合で気温が上昇し、海面上昇は数百年間つづくとも報告していたのである。

もう一つ。一九九一年七月には、シーア・コルボーン（WWF＝世界自然保護基金科学顧問）ら多くの科学者たちがウイスコンシン州のウイングスプレッドに集い、内分泌系攪乱化学物質が環境に及ぼす影響について警告した「ウイングスプレッド宣言」[2]を公表する。

この宣言は「人類が環境にまき散らした合成化学物質の大半には、魚類、野生生物、ヒトの内分泌系を攪乱する作用がある。実際、この内分泌系への影響は甚大なものになるおそれがある。――内分泌系攪乱物質によって誘発された環境汚染は、増加の一途をたどり、いまや地球上に蔓延してしまっている」との認識から、この問題の検討に取り組むことを呼びかけたものだ。この集会参加者は、人類学、生態学、病理学、免疫学、生理学、生物学など多方面の専門家であった。

そしてもう一つ。一九九二年のローマ・クラブ[3]福岡会議でドネラ・H・メドウズ、デニス・H・メドウズ両教授らの研究レポート『限界を超えて』[4]が公表される。

このレポートは、ローマ・クラブから委託された一九七二年の『成長の限界』[5]に次ぐ二〇年目の新版ともいうべき研究レポートである。人類社会の将来を人口増加、工業生産、食料生産、資源の消費、環境汚染の五つをキーワードに一三のコンピューター・シナリオでシミュレーションしたもので、こう結論していた。

「人間が必要不可欠な資源を消費し、汚染物質を産出する速度は、多くの場合すでに物理的に持続可能な速度を超えてしまった。物質およびエネルギーのフローを大幅に削減しないかぎり、一人当たりの食料生産量、およびエネルギー消費量、工業生産量は、何十年か後にはもはや制御できないようなかたちで減少するだろう」

そして、いまからでも「行き過ぎ」を是正しなければ「何らかのかたちの崩壊が起こりうる。いや、確実に訪れると言うべきだろう」と結論する。同時に人びとの選択次第では、まだ「持続可能な社会への移行は可能である」としながらも、その選択に向かうには「あまりに多くの希望が、あまりに多くの人びとのアイデンティティが、そして工業化された現代文化の多くが、果てしなく続く物質的成長という前提の上に築かれている」との危惧をも語っていたのである。

この危惧は、メドウズ両教授らだけが持ったのではない。当時、東大社会科学研究所の馬場宏二教授は、ある対談[6]でこのレポートにふれ、メドウズ教授らのコンピューター分析を待つまでもなく「人類社会に二一世紀の後半はない」と真面目に断言していたものだ。大多数の人びとは、どんなに警告を受けようとも、いま享受している文明生活の便利さや豊かさを自ら捨てることはありえない、というのが馬場教授の結論だった。

一九九二年の年末、近畿大学九州工学部でデニス・メドウズ教授から『限界を超えて』の講義を直接受ける機会をえたこともあって、その後のわたしの運動スタイルに少なからず影響を与えたのは、かれの人類社会の将来についての展望である。

「われわれが論じようとしていることは革命なのだ。フランス革命のような政治的革命ではないが、農業革命や産業革命のような、より深い意味での革命である……革命に向けての歩みはすでに始まっており、世界の破局を救うためには大急ぎでつぎのステップを踏む必要があるとわれわれは考えているが、この革命が完全に進展するには、やはり他の革命と同様、何世紀もかかるだろう」

この九〇年代初頭は、わたしがそれまで勤務していた報道関係の職場を退職し、定住地を首都圏から福岡市に移して、地域の脱開発、脱ごみ、脱ダイオキシン汚染、反空港運動などいくつかの社会運動に参加することとなった時期と重なる。

あれから十数年、事態はメドウズ教授らが期待した「持続社会」への方向ではなく、馬場教授が心配していたように、人類社会はそう遠くない時期に、少なくとも生存環境に壊滅的な打撃を受けることになるとわたしには思える。「行き過ぎ」から引き返そうにも、地球温暖化、オゾン層破壊、内分泌攪乱化学物質汚染、熱帯雨林の破壊、再生不能資源の減少など、こんにちの激変する地球環境の中で人類がおかれている状況では、もう「是正」も間に合わないと思えるのだ。いまとなって、わたしたちにできることは、二〇年後には始まるだろう近代文明モデルの急激な破局をいくらかでも緩和させて「癒しの世界」に軟着陸させることでしかないのかもしれない。

この本は、わたしの周辺地域でこの十数年の間にかかわってきた運動の中で書いてきたレポート、提言などをまとめたものだ。いくつかのテーマに沿って並べてはみたが、同じことの繰り返しもあるし、それぞれのテーマについて専門家ではないので、ずれているところもあろう。だが、ここで投げかけている課題は、いずれみんながぶつかり、選択を迫られることだとわたし自身は思っている。

［注］

1 ppm（parts per million）は一〇〇万分の一を表す単位。

2 一九九一年七月二六日から二八日までの三日間、シーア・コルボーン、ジョン・ピーターソン・マイヤーズ、ダイアン・ダマノスキら科学者がアメリカ・ウイングスプレッドに参集し、内分泌系攪乱物質が環境に及ぼす影響と現状について討議し、生物、人の内分泌系に及ぼす影響は甚大なものになるおそれがあると警告する「宣言」をまとめた。参加者は、人類学、生態学、比較内分泌学、組織病理学生物学、動物学など多方面の専門家である（『奪われし未来』付録、翔泳社、一九九七年）。

3 ローマ・クラブは、一九七〇年にスイスで法人として設立された民間組織で、世界各国の科学者、経済学者、経営者などで構成されている。

4 ドネラ・メドウズ、デニス・メドウズ、ヨルゲン・ランダース著『限界を超えて』ダイヤモンド社、一九九二年。同年、福岡市で開催されたローマ・クラブ会議で発表された研究レポート。

5 ドネラ・メドウズ、デニス・メドウズ、ジャーガン・ラーンダズ、ウイリアム・ベアランズ三世著『成長の限界』ダイヤモンド社、一九七二年。ローマ・クラブから委託されたマサチューセッツ工科大学（ＭＴＩ）のデニス・メドウズ助教授（当時）を主査とする国際チームによる研究レポート。

6 「月刊フォーラム」一九九二年一二月号、対談「資本主義の臨界点と会社主義ニッポン」馬場宏二・いいだもも、六六頁。

ラディカルにエコロジーへ◉目次

I　反空港・脱開発

これでもなお新福岡空港を造るのか

新宮沖空港から雁の巣空港案まで

山崎広太郎前福岡市長は二〇〇五年六月七日の記者会見で、福岡市東区の雁の巣地区を候補地に新福岡空港建設を推進する意向を改めて強調した。新福岡空港の候補地については、五月二七日付「西日本新聞」でも、福岡市が独自に雁の巣案をまとめて近く公表する方針を固めたと報じていたし、二〇〇三年四月にも同じ雁の巣空港案を市独自に検討していることを明らかにしたことがある。二〇〇二年一二月に国土交通省交通政策審議会航空分科会の答申が出て以降、これで三度目の意向表明だ。

この雁の巣案は、一九九三年に福岡県と福岡市、地元経済界で設置した福岡空港将来構想検討委員会（藤本英夫委員長）が「平成九年度調査報告書」[1]のなかで比較検討した「海の中道」空港配置図五案の中の一案（図1）である。しかし、同調査報告書は、この配置案では滑走路方位のすぐ南東に建設中の人工島「アイランドシティ」が位置することから「アイラ

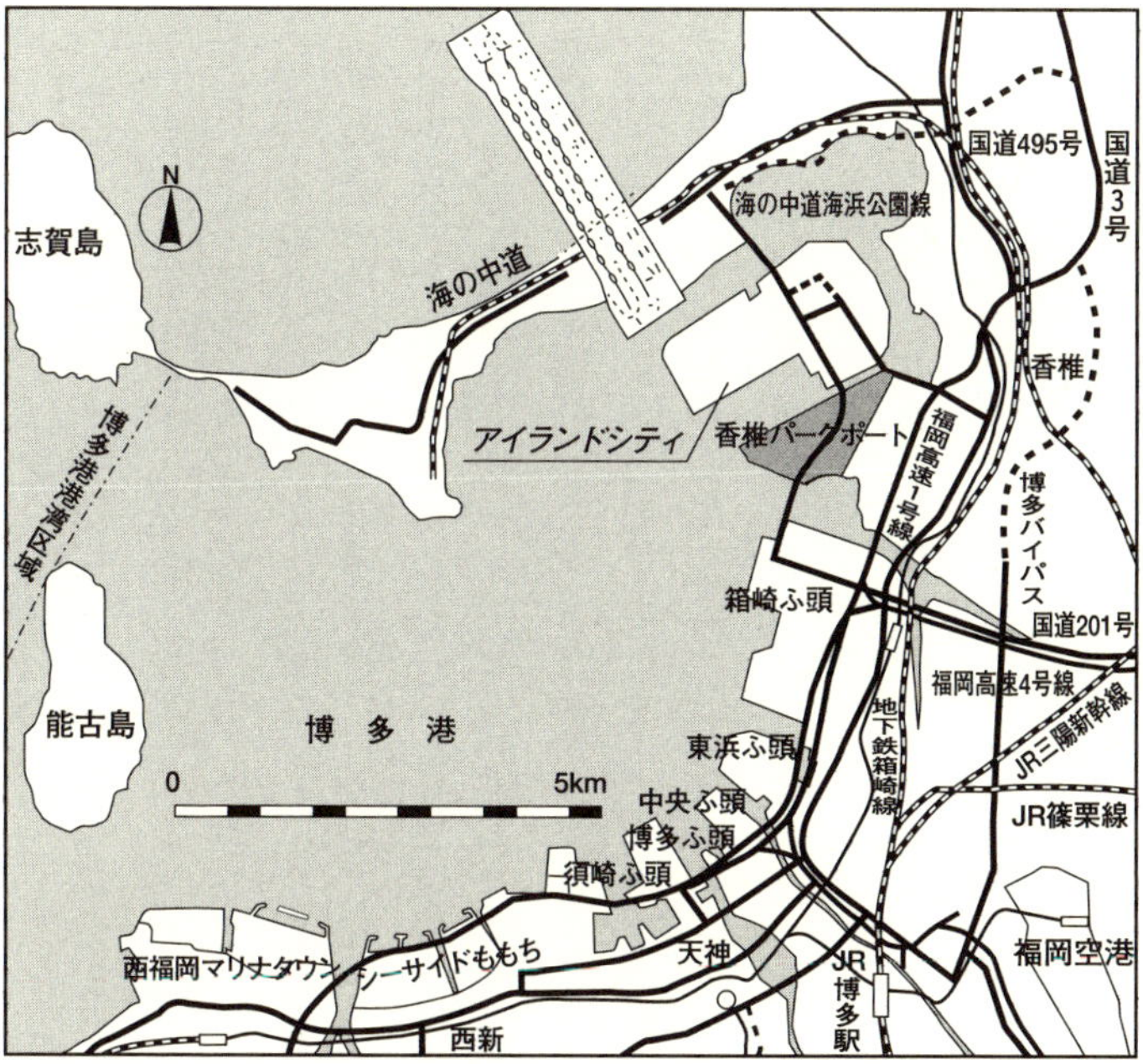

図1　海の中道配置案—1（雁の巣空港案）

ンドシティには住宅用地や研究施設が計画されており、航空機騒音の影響が予想される」と警告していたのだ。しかも、将来構想検討委員会を二〇〇一年一一月、改組してできた新福岡空港調査会（会長・麻生渡福岡県知事）が、二〇〇二年に策定した「新福岡空港基本構想[2]」では、博多湾の北東外海に位置する玄海東沖合を四ゾーン（図2）に区分し、奈多沖ゾーン（雁の巣地区を含む）をその一つとして検討したものの「市街地への騒音の影響や航空機運航上の障害地形等の問題が発生する」などの課題を指摘して採用せず、新宮沖ゾーンを優位に選定した経緯がある。

一方、二〇〇五年四月、福岡空港調査連絡調整会議（国土交通省九州地方整備局と大阪航空局、福岡県、福岡市で構成）は、福岡空港調査委員会（福岡県、福岡市共同で設置）が実施した「福岡空港の総合的な調査」報告に関するパブリック・インボルブメント（PI＝住民参加）実施計画の最初のステップを、七月から三カ月を目途に実施している。この時点で、山崎前福岡市長が雁の巣空港案を独自に提案することは、新福岡空港調査会の新空港建設案を採用しなかった国の空港整備検討の流れに逆行する政策提案であり、その国の方針を受けて改めて共同調査を実施し、PI実施計画まですすめている調査連絡調整会議を無視する行動でもある。空港調査委員会の共同設置者である県をも欺く行為でもある。

なぜなのか。山崎前市長はなぜ、そうまでして雁の巣案を強引に押し込もうとするのか。

福岡市議会の荒木龍昇議員（当時）はこう分析する。

「市の空港推進担当部署で確かめたら〈そのような雁の巣空港案を改めて検討していることはありません。あれは、市長の思いつきを話したんでしょう〉という答えでした。しかし〈基本構想〉で採用されなかった雁の巣空港案がなぜ国の方針に逆らってまで、いま改めて市長の口から強調されて出てくるのか、その気持ちが分からないではありません。あれは破綻している博多湾の人工島事業の救済策です。

人工島事業はまだ計画の半分を少し超えた段階ですが、埋立用地の利用計画がつぎつぎに

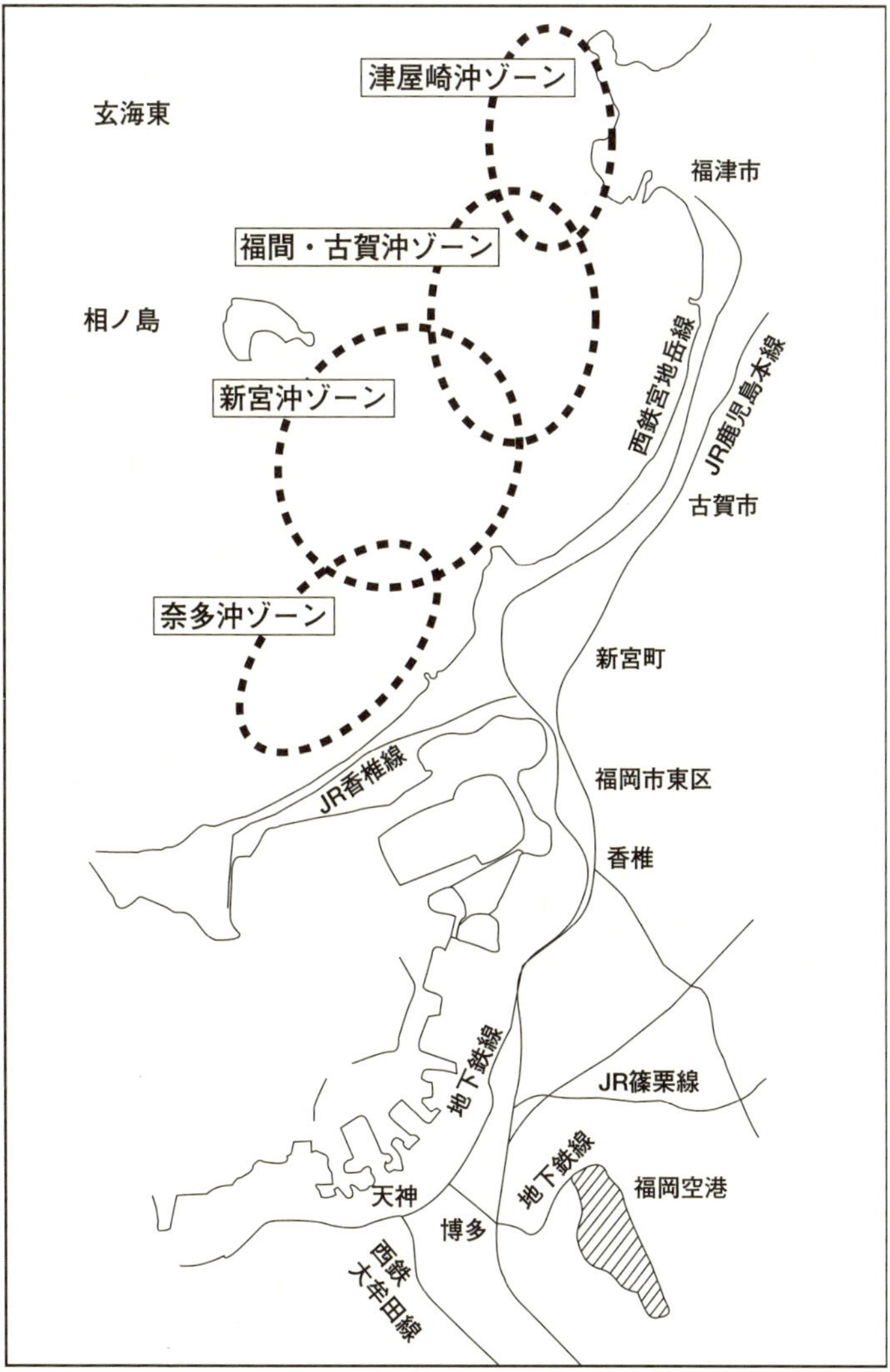

図2　福岡空港将来構想委員会の候補地4ゾーンの位置図

失敗して、未だに全体の販売計画が決まらない。住宅や学校、病院の建設計画は押し込んだものの、実現するにはアクセス手段として市営地下鉄2号線（箱崎線）を乗り入れさせたい。ところが、人口島止まりの地下鉄では採算が取れないことは、はっきりしている。そこで、新空港を雁の巣地区に持ってきて、市街地から人工島を通って雁の巣空港までを結ぶ路線を実現させたいのです。人工島事業が行き詰まって追いつめられ、焦っているんですよ」

海の中道・雁の巣地区の博多湾側には人工島が建設中だ。人工島からさらに南へは香椎パークポート、箱崎埠頭を通じて市街地へ便利な幹線道路でつながる。その人工島はいま、国の事業である港湾施設の一部がやっと機能し、わずかな住宅用地で集合住宅建設がすすめられているだけで、あとは、ほとんど売れる見込みもない広大な閑散とした土地が広がっている。一部は埋め立て工事そのものが凍結されている。その人工島に新空港計画を隣接させれば、海空両面からの物流拠点として双方の開発計画が生き返るのでないか。その期待を込めての前市長の構想なのである。

新空港必要論を誘導する調査活動

交通政策審議会の答申は、福岡空港について「将来的に需給が逼迫する等の事態が予想される」ことから「既存ストックの有効活用方策、近隣空港との連携方策とともに中長期的な観点からの新空港、滑走路増設を含めた抜本的な空港能力向上方策等について、幅広い合意形成を図りつつ、国と地域が連携し、総合的な調査を進める必要がある」と結論づけている。

答申はさらに、一般空港の整備に関して「必要性の十分な検証、候補地選定、施設、空域等の空港計画の十分な吟味、概算事業費の精査や費用対効果分析の徹底等を行って、真に必要かつ有用なものに限って事業化することとし、また、透明性の観点から、構想計画段階におけるパブリック・インボルブメント（PI）等の手続きをルール化すべきである」と明記していた。これを踏まえ、同省航空局は空港整備プロセス研究会を設置し、「一般空港における新たな空港整備プロセスのあり方」をまとめ、空港構想・計画段階を対象にPIガイドラインを策定したのだ。

これらの策定を受けて国土交通省と福岡県、福岡市の三者は二〇〇三年七月、福岡空港調査連絡調整会議を設置し「総合的な調査」の進め方とPIガイドラインの導入に関して協議していく方針を決める。また二〇〇三年一一月には、福岡県と福岡市共同で福岡空港調査委員会（松岡洋一委員長）を設置し、地域としての調査活動を進める。初年度の調査・運営費は七〇〇〇万円で、県と市半々の支出である。そして、調査連絡調整会議は二〇〇四年六月「福岡空港の総合的な調査に係る情報提供及び意見収集のあり方」（PI計画）を決定し、その実施計画を検討している。さらに、この「PIを監視し、助言を行う機能」を担う第三者機関として「福岡空港調査PI有識者委員会」（委員長・石田東生筑波大教授）を設置した。

このPI実施計画は、調査活動の四つの段階でそれぞれの課題や対応策についてPI手法を使って検討していくもので、ステップ１はその最初の段階で検討する基本的事項を定めたものだ。ステップ１の課題と実現すべき政策的目標は、福岡空港の現状と課題、空港能力の見極め、空港利用者の視点に立った航空サービスの評価基準などを検討することとしている。

一方、福岡空港調査委員会は二〇〇五年二月、第三回調査委員会を開いて、二〇〇四年度に実施した調査報告と二〇〇五年度に計画する調査内容について審議している。だが、これらの調査報告とＰＩ実施計画をみると、県と市の両行政機関が福岡空港について「将来的に需給が逼迫する等の事態」を想定し、さらに、九州の中枢都市としてだけでなく、東アジアでの人的・文化的・物的交流の拠点都市としての「航空ネットワークにおける拠点性を発揮しうる」新空港整備の必要性を市民に意識づけようとしていることが分かる。

この行政の発想は、福岡空港調査委員会の二〇〇四年度の「調査報告」の内容からも推察できる。

まず空港利用者のニーズに関するアンケート調査は、①希望する時間帯に希望する航空便があるかどうか、つまり路線数と便数へのニーズ、②空港までのアクセスが便利であるかどうか、③航空運賃は安いかどうか、そして、ターミナルでの待ち時間、などの要望調査である。いずれも利便性とスピード、低価格運賃への人びとの欲求をどれだけ満たす空港機能を備えればよいかの設問のみである。航空交通のエネルギー効率と環境に与える負荷、あるいは航空輸送の社会的費用と公共性などについて市民意識を問う設問はまったくない。

つぎに、福岡空港の社会経済的な役割と課題に関する調査では、九州の中枢都市機能を持つ福岡都市圏の拠点性と増大する国内航空需要に対応する福岡空港の役割、それに、成長する東アジアへの経済活動の対外進出、あるいは人的交流促進の役割などをあげて、それぞれの役割での機能強化の必要性を強調している。しかも、現福岡空港が地域経済・産業振興にもたらす効果、あるいは都心に近く利便性が高いことなどを強調する一方で、都心部建造物の高さ制限や空港周辺の市街地形成の遅れなど、都市構造に及ぼしている影響についての認識が必要なことも指摘している。ここで、福岡空港「遷都」の必要性を示唆しているのである。

だが、山崎前市長が改めて雁の巣空港構想を提案したことは、福岡空港連絡調整会議と調査委員会がこれまでの総合調査とPI計画にかけてきた思惑を徒労に終わらせ、交通政策審議会答申以前の「まず新空港ありき」の議論に逆流させることにもなるのだ。

ハブ空港としての九州国際空港構想

新福岡空港は当初、国際ハブ空港としての役割をもつ九州国際空港として構想された。一九九〇年に九州各県と九州・山口経済連合会で組織する九州国際空港検討委員会が発足し、内部に「学識経験者」で構成する専門調査委員会を設置した。この調査委員会は一九九二年に「九州地域に国際ハブ空港の必要性」を報告、一九九四年には福岡市北部海域、有明海、大村湾の三ゾーンに候補地を絞った報告書をまとめた。

また、福岡県と福岡市および地元経済界は、一九九三年に福岡空港将来構想検討委員会を設置し、独自に「学識経験者」で構成する「専門調査委員会」で調査検討を始める。一九九五年五月には、玄海東（新宮・津屋崎沖合海域）と玄海西（糸島半島沖合海域）の二地域を候補地とする海上空港案の「新福岡空港の実現に向けて――福岡空港将来構想」[3]を公表する。

その空港規模は、六五〇〇ヘクタールの埋立用地に三五〇〇メートル級の滑走路二本を備える大空港で、概算建設費は滑走路、管制施設、旅客ターミナル等を含めて八五〇〇億円から九八〇〇億円とされていた。その構想には、香港国際空港、シンガポール・チャンギ国際空港、バンコク国際空港、韓国・仁川国際空港など東アジアの巨大空港にネットワークする中核でありたいという将来構想検討委員会の願望が込められていたのである。

この間、九州地方知事会と九州経済連は、候補地絞り込みのための第三者機関・ワイズメン・コミッティ（賢人会議）の設置に合意し、その賢人会議は一九九六年一〇月、福岡県の新宮・津屋崎沖を最適地として答申する。この九州国際空港構想は、同年一二月に閣議決定された国の第七次空港整備計画に「今後、地域において着実に増大すると見込まれる国際航空需要の動向等への対応について調査検討を行う」という記述で盛り込まれたものの、他の候補地をもつ佐賀、長崎、熊本各県の合意取り付けに失敗し、一九九七年一〇月の九州地方知事会の議題に上ることなく立ち消えとなった。

だが、福岡空港将来構想検討委員会は生き残って新空港構想の検討を続け、一九九八年一月には「小規模空港および海の中道案等の検討調査」をまとめて「平成九年度調査報告書」を作成する。雁の巣地域の海岸から沖合にかけての五つの空港配置案は、ここで提案されていた。山崎前市長が検討していたという雁の巣空港案はそのなかの一つで、海の中道の雁の巣地区を玄界灘から博多湾へ突き抜けるように配置し、北西から南東方位に三〇〇〇メートル級の滑走路二本を整備する計画である。

空港用地の三分の一は現航空管制部地域の陸域、三分の二は玄界灘の海域に突出して埋立てる。山崎前市長は、この空港配置が新宮沖合の埋立構想より用地造成コストが安くつくと自負しているが、構想されている滑走路の延長直下となる人工島港湾施設では「調査報告書」が当時から警告していた「騒音の影響」どころではない、進入または離陸にかかる障害問題を発生させる可能性もあった。

「基本構想」は新宮沖を優位に選定

福岡空港将来構想検討委員会は、二〇〇一年一一月に改組されて「新福岡空港調査会」(会長・麻生渡福岡県知事)が設置される。調査会の専門調査委員会(委員長・岡田清成城大名誉教授)、社会経済部会(部会長・阿部真也福岡大教授)、空港・都市構想部会(部会長・樗木武九大教授)、空港立地部会(部会長・古川和広京大名誉教授)の各部会委員は、一部特別

委員に新メンバーが加わったものの三〇人を超える委員の顔ぶれはほぼ変わらなかった。

この調査会は、翌年四月に「新福岡空港基本構想」を策定する。この策定を急いだのは、国土交通省が第八次空港整備計画（二〇〇三〜二〇〇七年度）策定のために二〇〇二年四月、今後の空港整備方策について交通政策審議会に諮問することから、これに新福岡空港の「調査空港」としての採用を働きかけるためであった。そのため、この基本構想は、小泉内閣の財政立て直しと大型公共事業見直し方針に合わせて、空港規模と建設費を「将来構想」から大幅に縮小し、候補地は玄界東沖合を津屋崎沖、福間・古賀沖、新宮沖、奈多沖の四ゾーンに区分したなかで、周辺海岸部への影響が少ない新宮沖ゾーンを優位と選定した。雁の巣地域を含む奈多沖ゾーンは採用されなかったのである。

基本構想は、新宮沖の埋立用地五六〇ヘクタールに三〇〇〇メートルの滑走路二本に縮小、概算建設費は八二〇〇億円と二割近く削減していた。内訳は埋立用地費五一〇〇億円、滑走路など施設費一五〇〇億円、ターミナル整備費一六〇〇億円である。

しかし一方、新空港建設にかかる経済波及効果は、福岡県内で建設投資額の一・八倍にあたる一兆五〇〇〇億円の生産増を生み出し、全国では一兆八〇〇〇億円を超える波及効果を及ぼすと予測。さらに開港後三〇年には、直接部門の需要増大などの直接効果で六兆四〇〇〇億円、関連産業・サービス部門など間接効果が七兆三〇〇〇億円など、福岡県全体の波及効果は累計で一五兆円に達し、全国での波及効果は直接効果の三・三倍の二一兆二〇〇〇億円に達すると壮大な夢の楼閣を描き出していた。

「福岡空港将来構想」は当時、福岡空港の旅客需要を国内線は一九九三年実績（年間）一一九六万人から、二〇一〇年には一・三倍の一五九三万人、二〇年には一・五倍の一八三四万人へ、国際線は九三年実績一九〇万人から、一〇年には三・八倍の七二九万人、二〇年には四・九倍の九三八万人への大幅増を予測している。そこで、定期便の離着陸回数は、一九九三年実績八万一〇〇〇回から、一〇年には一二万七〇〇〇回、二〇年には一四万二〇〇〇回と予測していた。その根拠は、わが国のＧＤＰ（国内総生産）を一九九〇年実績の二兆九四五〇億ドルから、二〇年には倍以上の六兆五八四〇億ドルに増大するとの想定にあったのだ。

では、二〇〇二年の「新福岡空港基本構想」ではどうであったか。国内線旅客数の二〇〇〇年実績は一七一九万人と「将来構想」の予測を上回っていたが、国際線は二五〇万人でしかなく予測には遠く及ばなかった。そこで、国内・国際線合計の旅客需要は、二〇〇〇年実績一九六九万人に対し、一〇年には二五一〇万人から二七三〇万人、二五年には三〇四〇万人から三四六〇万人と予測している。そして、定期便の離着陸回数は二〇〇〇年実績一二万五六〇〇回と、すでに「将来構想」の予測に近づいていることから、一〇年には一四万八〇〇〇から一六万二〇〇〇回、二五年には一六万八〇〇〇から一八万四〇〇〇回と予測を高くしている。しかも、今後とも需要が伸びた場合の予測数値は一段と高い。

つまり、国際線旅客数を縮小した予測でも、現福岡空港の容量限界説を裏付けるには十分だったのだ。ところが、福岡空港の国際線乗降客数は二〇〇〇年の二五〇万人をピークに減少傾向で、〇三年一七四万人、〇四年二一七万人、〇五年二二三万人と落ち込んでいる。国内線でも二〇〇三年まで維持していた一七〇〇万人を割って、〇四年一六三四万人、〇五年一六四五万人に減少しているのだ。

国内線・国際線合計の離着陸回数もまた、二〇〇一年の一四万三〇〇〇回をピークにその後減少し、〇三年と〇四年は一三万六〇〇〇回、〇五年は一三万七五〇〇回に止まっている（図3）。

福岡空港のこの四年の離発着回数は「基本構想」が現福岡空港の処理能力の限界としている年間一四万回に達していない。それでも麻生知事は「現空港の容量が限界になれば、九州全体の発展が制約される」「アジアの交流拠点としての福岡が発展するには新空港が不可欠」と主張するのだ。

だが、この基本構想は、建設費用をだれが負担するのかまでは明らかにしなかった。とくに地元負担分が鮮明でなかったことから、地元経済界の不信感を誘発し、一部から「現空港の有効活用も選択肢の一つ」（後藤達太・前福岡商工会議所会頭）との慎重論が出始める。競合を懸念する佐賀県の井本勇知事（当時）や北九州市の関係者からは「コストの面からも機能分担が合理的」との異論が聞かれる。また、県議会では、自治体負担がどうなるのかが議論の焦点となった。当時、福岡県と福岡市はいずれも増大する財政赤字に悩まされていたか

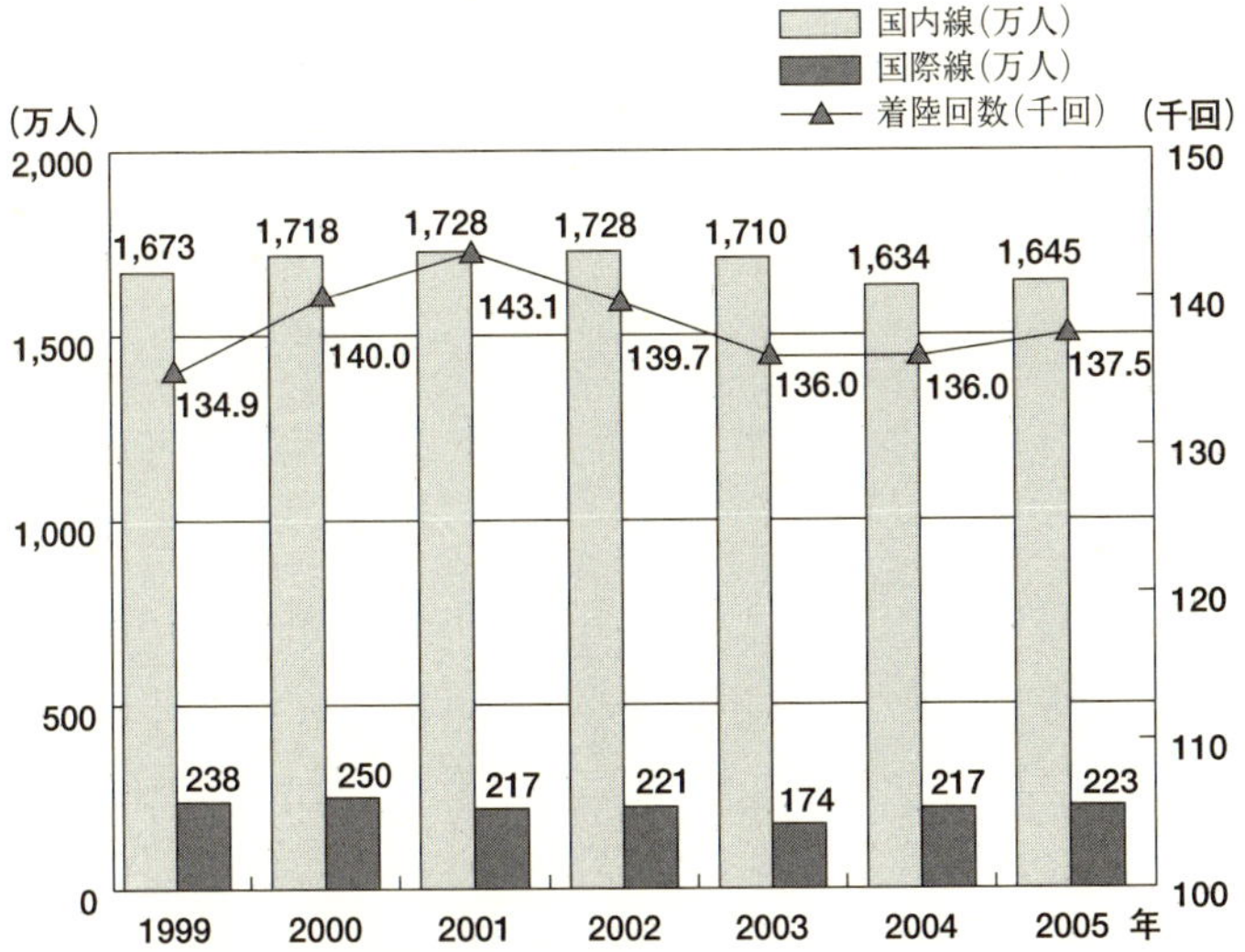

図 3　福岡空港の乗客数と着陸回数

らで、県の二〇〇二年度見込み県債発行残高は、すでに二兆一二三四億円、市の市債発行残高は二兆五五〇〇億円になっていた。

それでも、麻生知事は「国の第八次空港整備計画に調査空港として位置づけてもらうことが重要なので、そのために準備してきた」と「基本構想」を策定した意義を強調している。また、県と市および地元財界などで構成する新福岡空港促進協議会（会長・鎌田迪貞九州電力社長）などは、「大交流時代のアジアと福岡」のテーマでシンポジウムを開いて「アジアの航空需要はいっそう増大し、大航空時代を迎える。国際化の流れの中で福岡はアジアの拠点としての機能を高める必要がある」（山本雄二郎・高千穂大客員教授の基調講演）とぶち上げたのである。

そして二〇〇二年一二月六日、交通政策審議会航空分科会の最終答申が扇千景国土交通相（当時）に提出される。

この答申は福岡空港について「既存ストックの有効活用」「近隣空港との連携」「新空港」および「滑走路増設」の四方策にかかる調査を提示していたことから、地元福岡では受け止め方に微妙な食い違いが生じた。これまで近隣空港との機能分担や連携を求めて新空港建設に消極的であった慎重派にとっては勢いづく答申であったし、第八次空港整備計画で「調査空港」としての採択を働きかけてきた新福岡空港調査会にとっても、これで十分の成果とおもえたに違いない。

麻生知事は「福岡空港の需給逼迫を国が認め、その対策に本格的に乗り出すという新たな段階を迎えた」と調査会活動の成果を強調し、年が変わっての新年早々の記者会見では「国が全面に立って調査することになったので、これまでの独自調査はいったん中止し、国の調査方針を見極めて協力を考えていく」「新空港建設にはこだわらない」と建設方針からの後退とも受け取れる見解を語った。これを受けて福岡県空港計画課は「国の調査に協力することが先決」として、二〇〇二年度当初予算に計上していた県独自の調査事業を断念し、当面見送ることを明らかにしている。しかし、「白紙撤回」とも受け取りかねない知事発言には「新宮沖しかないという態度ではない」と、自ら否定したのである。

これらの麻生発言は、同年春に予定されていた県知事選に今里滋・元九州大大学院教授（現同志社大教授）が新空港建設問題を争点に立候補を表明したことから、争点そらしのためにトーンダウンしたのではないかとの憶測も流れた。

今里教授は、かねてから「基本構想」を批判し「新空港必要論の柱となる需要予測は右肩上がりで、政策として需要を減らす検討を放棄しているし、根拠もあやふや」「新北九州空港や佐賀空港などとの機能分担や連携をもっと議論していい」と、新空港建設反対論を主張していたのだ。当時のメディアは空港建設に否定的な世論を伝えていた。福岡空港の容量限界への対策についての「西日本新聞」（二〇〇三年二月四日付）の県内有権者調査では「新北九州空港や佐賀空港との機能分担」四五・七％、「現空港の有効活用」三八・〇％で、「新空港建設」を支持する意見は、わずか一〇・七％でしかなかった。また「朝日新聞」（同日付）の有権者調査では、新空港は「必要ない」五九％で、「必要だ」二二％を大きく上回っていたのである。

こうした世論の中でも、山崎前市長は審議会答申の直後に「わたしとしては、新しい空港を考えていきたい」と空港建設をあきらめない姿勢を語っていた。二〇〇三年の新年定例記者会見では「国の交通政策審議会の答申は妥当だと思っている」と一時はトーンダウンしたかにみえる発言をするが、同年三月には講演のなかで「新空港は新宮沖では遠すぎる」と力説し、雁の巣案に含みを持たせて「住民投票にかけても決めなければならない」と建設推進に自信を見せる。そして四月末には、持論である雁の巣空港構想を改めて独自案として表明している。

だが、その空港構想と連携させせようとしている博多湾の人工島事業が実は、造成地全体の土地分譲完了時期を予定から一一年遅れとするなど、当初計画を大幅に変更してもなお「先行き不透明」と新聞報道されるほど、深刻な事態に追い込まれているのだ。

過剰空港が羽田路線の乗客を奪い合う

国の空港整備計画では、新北九州空港（国内線）の需要予測を二〇〇七年度で二八三万人、一二年度三二八万人としていた。羽田線だけで往復九便一二三万人とみている。前北九州空港（国内線）の乗降客数は、二〇〇一年度一八・六万人、〇二年度二五・五万人、〇三年度二六・八万人だ。羽田線以外を含めると一挙に一〇倍以上の予測である。この予測では、福岡空港の乗降客数は二〇〇七年度一八一〇万人、一二年度二一六〇万人で、両空港合計では二〇〇七年度二〇九三万人、一二年度二四八八万人となる。近年の実績は、二〇〇三年度一七〇九万人だから、三〇〇〇万人から七〇〇〇万人は急増する計算である。国はいったい、どこでそれだけの潜在利用者を育成しようと考えているのであろうか。

福岡空港の運航の実態はどうか。福岡空港の国内線便数は、二八路線三〇四便（二〇〇六年一月発着便）のうち東京便九〇便、名古屋便四二便、大阪二〇便、沖縄二四便の四路線で五八％を占める。空港関係者は「日本の航空路線は、東京（羽田）空港と地方空港を結ぶ路線に集中しているので、東京発着便枠が増えない限り大型機依存の輸送にならざるをえない」という。つまり、原因の一つが東京一極集中の都市政策にあると分かっていながら、その原因を排除することなく、東京路線偏重の空路整備を長年続けてきた結果なのだ。

羽田便の乗降客数は、二〇〇一年の八三六万人から二〇〇三年の八七八万人に増えたものの、二〇〇五年には八五九万人に落ちている。一方、那覇便は二〇〇一年の一二七万人から二〇〇五年の一四三万人に、名古屋便は同じく一三九万人から一五五万人に増えている。だがこの間、ローカル路線で宮崎便が同じく六二万人から五二万人に、鹿児島便は七二万人から三一万人に減っているので、国内線総数では二〇〇一年の一七二八万人から二〇〇五年の一六四五万人に八三万人も減っているのである。したがって、福岡空港の乗降客数は「基本構想」の予測に反して減っている。これ以上乗降客を増やすには、東京路線を増便するしかないのが、わが国航空交通の構図なのだ。福岡空港のローカル路線では、鹿児島一二便、宮崎一四便（二〇〇六年現在）が主な路線だが、両空港とも福岡空港からの距離はおよそ二〇〇キロ。ドイツでは廃止の対象となる路線距離である。航空交通の社会的費用を考えれば、この路線は社会的に得策ではないことが分かる。しかも、鹿児島便は空港から市街地までのアクセスが不便なので、九州新幹線が鹿児島まで貫通すれば、空路の利便性はほとんどなくなるのだ。

福岡空港の二〇〇六年五月現在の国際線は二二路線、二七〇便（週）で、前年一月から一路線三四便の減となっている。目立つのは、二〇〇五年一〇月から日本航空（JAL）グループのソウル（一四便）、香港（一四便）、ホノルル（一四便）の三路線四二便が撤退したことで、二〇〇六年になってからガルーダ・インドネシア航空（デンバサール四便）、オーストラリア航空（ケアンズ六便）が相次いで運休、さらに九月からマレーシア航空（クアランプール六便）が運休することを明らかにしている。合計週五八便が運休することになる。JALは営業不振と航空機燃料高騰の追い打ちが重なって、不採算路線からの撤退など抜本的な経営改革を迫られているのだ。国際線利用者数は〇一年からの五年間、ほとんど増えていない。

一九九八年に開港した隣県の佐賀空港の運航状況はどうであろうか。二〇〇三年一一月、佐賀空港を視察したが、開港以来の運航路線、東京、大阪、名古屋三路線五往復のうち、平均利用率四六・四％でしかなかった名古屋路線はその年二月から運休し、定期便は東京、大阪各二往復しか運航していない。ターミナルビルに入ると、午前の便が飛び立ったあとで、閑散として乗降客らしい人はもちろん見あたらない。二階のショッピングプラザにも客はなく、少数の店員が手持ちぶさたの様子で、見学者のわれわれがわびしくなる風景であった。資料では、名古屋便運航中には年間三〇万人を超えていた搭乗者数は、運休した翌〇四年度には二六万八〇〇〇人、平均利用率五九・九％に落ち込んでいた。開港後数年は毎年三億円を超える赤字運営を続けている。名古屋便運休後でも〇三年二億七〇〇〇万円、〇四年二億六〇〇〇万円の赤字を計上し、県費をつぎ込み続けている。それも、佐賀県を始め県内自治体までが毎年、空路利用者に助成金を出し、加えて、空港駐車場を無料サービスしながらである。佐賀空港は、そう遠くない時期に膨大な負の遺産として県民に重くのしかかってくるだろう。

福岡県内にはもう一つ、北九州市東部の苅田町沖に新北九州空港（第二種空港）が予定より五カ月遅れて二〇〇六年三月に開港した。同空港は、前北九州空港（小倉南区）に代わる空港として、一九八一年の第四次空港整備計画に採択され、一九九四年に着工していた。埋立面積三七三ヘクタールの用地に管理面積一六〇ヘクタール、二五〇〇メートルの滑走路一本をもつ総事業費二四〇〇億円を投じた海上空港である。

新北九州空港は、羽田便が日本航空一日五便、新規参入のスターフライヤー（本社・北九州市）一二便、名古屋便がジェイエア三便などで、国際線は中国南方航空の上海便が週三往復飛んでいる。また、北九州市は韓国にソウル便の開設を要請している。しかし、福岡空港の韓国便は二〇〇五年一月からソウル五六便、プサン（釜山）一八便、チェジュ（済州）六便（週）が運行されていたが、二〇〇五年一〇月からＪＡＬがソウル一四便を運休している。残るソウル四二便（ほとんどを大韓航空、アシアナ航空で占める）の争奪戦が福岡空港との間で始まることになる。ちなみに福岡空港と新北九州空港間の距離は六〇キロ、福岡空港と佐賀空港間は五五キロである。

北部九州地域の空港、路線の密度はすでに「異常」なのである。福岡、北九州、佐賀の三空港で機能分担すれば解決するという状況では、もはやない。

市、県の債務残高は合計五兆円超える

福岡市圏域と北九州市圏域とは航空輸送だけではなく、海上輸送でも競合している。博多港は、一九九四年からの一二年間に、隣接する香椎パークポートと人工島「アイランドシティ」の両地区で港湾機能を急激に拡充強化している。ところが、北九州市でも一九九六年に響灘地区に大規模な「ひびきコンテナターミナル」を構想し、二〇〇五年四月から一部開港している。博多港と北九州港は、直線距離でわずか五〇キロと離れていない県内で競って港湾設備を強化しているのである。過剰設備となることは明らかである。

福岡市の赤字財政をふくらませる運輸事業は他にもある。一九九六年に着工していた中央区天神南から西区橋本を結ぶ延長一二キロの地下鉄3号線「七隈線」が二〇〇五年二月に完成、運行を始めている。市は建設費節減に努め、総事業費二八二九億円に止めたと強調するが、経営の見通しは暗い。一日平均利用者数は、二月五万四一〇〇人、三月四万二五〇〇人、四月四万六二〇〇人と、いずれも計画人員の一一万一〇〇〇人の半数をも満たしていない。計画では、開業二十三年目には累積赤字を解消することになっているが、路面交通の抜本的な改革なしにこの地下鉄3号線が黒字になることはありえない。

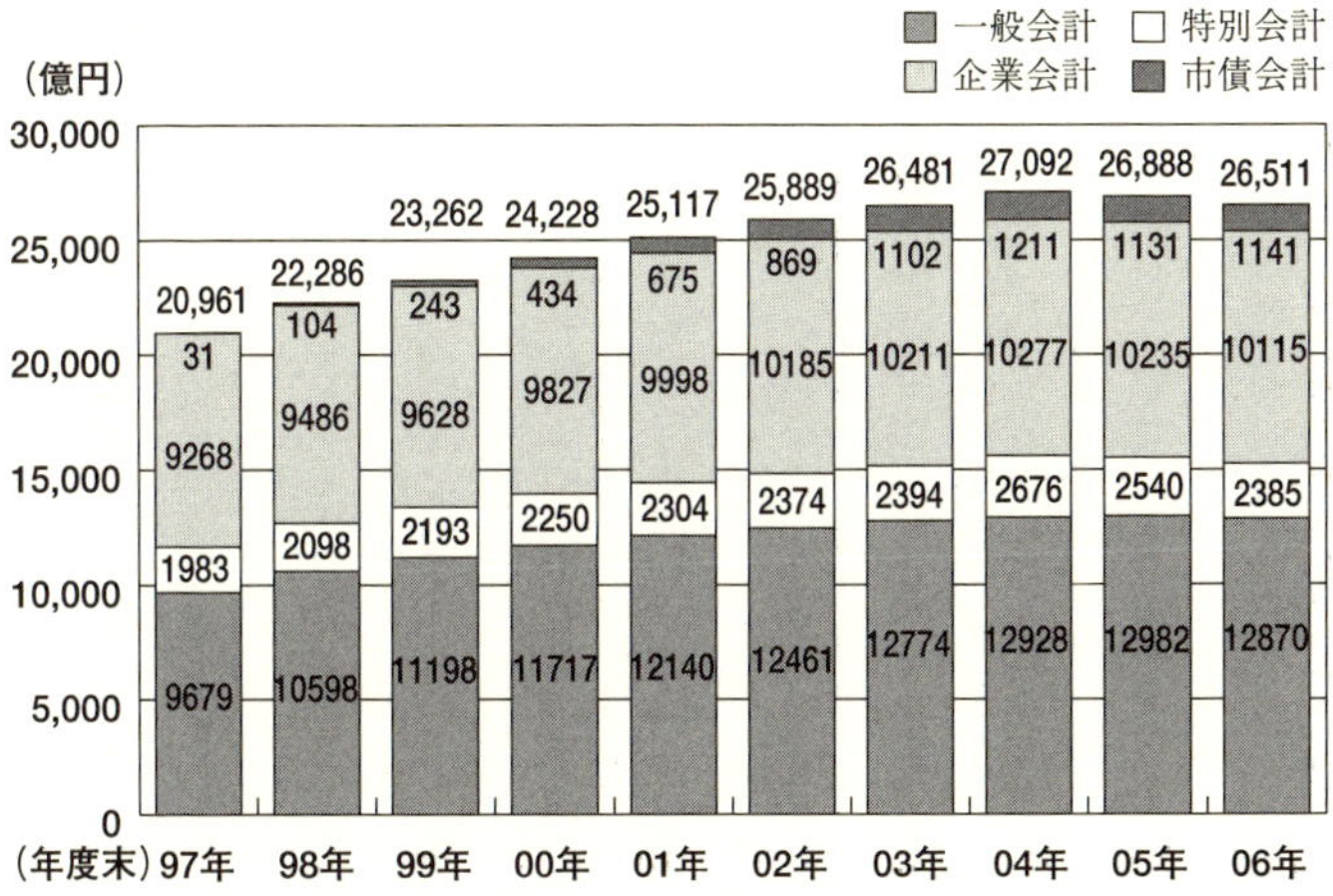

・満期一括積立金に係る市債残高は市債管理特別会計に計上。(05年、06年は見込み)

図4　福岡市・市債残高の推移

福岡市の二〇〇五年度市債残高は二兆六九〇〇億円（図4）、福岡県の二〇〇五年度県債残高は二兆五〇〇〇億円までふくらんでいる。二〇〇六年三月末の国債と借入金および政府保証債務残高は八八一兆円に達している。地方の長期債務残高は二〇〇五年度末で二〇〇兆円を超えていた。国の経済のいま以上の肥大化は望めない、というより望んではならないのだ。もし、博多湾の人工島建設と雁の巣空港建設構想が施工されるようなことがあれば、われわれの世代は後世に巨額の負債とともに、この地域に広大な「がらくた経済社会」の廃墟を残すことにしかならない。

しかし、こんにちの航空交通の課題は、将来の過剰な航空需要予測だけにあるのではない。交通政策審議会航空分科会の審議では、航空機燃料の将来展望にもっとも肝要な石油需給予測についての検討も、あるいは地球温暖化対策としての交通運輸が排出する二酸化炭素（CO_2）の削減対策についての検討も全くされていない。

アメリカのイラク戦争開始後、原油価格の高騰が激しい。ニューヨークの原油市場は二〇〇六年七月以降さらに値を上げ、取引開始いらいの最高値を更新している。航空機燃料も値上がりしている。その影響で、国際線の運航を休止する航空会社も出ている。原油価格はこれからも一時的には乱高下しても、戦前の価格にもどって安定するとは考えにくい。

地球温暖化対策では二〇〇四年、地球温暖化対策推進大綱を見直し、二酸化炭素排出量の削減目標を基準年（一九九〇年）の一二％に高めている。わが国の総排出量が議定書締結六年後の二〇〇三年度には、すでに基準年を八％上回っていたからだ。ところが、二〇〇五年に閣議決定した部門別目標数値は産業部門八・六％減、エネルギー転換部門一六・一％減だが、運輸部門は一五・一％増、業務部門一五％増、家庭六％増を許されている。だから、地方自治体は運輸、民生部門での二酸化炭素削減には真剣に取り組もうとしていない。福岡市は、二〇〇一年に「ふくおか二〇一〇アクションプラン――第二次福岡市地球温暖化対策地域推進計画」を策定しているが、二〇一〇年の二酸化炭素削減目標は三ケースのプランの中でもっとも難易度の高いケースでも、基準年の二・〇％減にしかならない数値なのだ。しかも、市はその後、削減目標の見直し作業を行っているとはいうものの、その目標を達成するための具体策はいまだに見えてこない。

地球温暖化はもはや避けられない。海水面は上昇し、気候変動で風水害はひどくなる。生物の移動が始まり、農作物の生産地図が変わる。食料生産は減少し、工業生産の壊滅的な下降が始まる。われわれが二一世紀におかれている状況は、生産活動の減退をどこで食い止められるかでしかない。

航空機燃料からの二酸化炭素排出量は、全体の一％程度でしかないという。しかし、二〇〇三年には一九九〇年対比で五四・五％増えている。しかも、航空交通は、連動して自動車交通を増大させる。わが国の二酸化炭素削減は、航空交通と自動車交通の大幅な短縮なしにはありえない。われわれは、航空交通と自動車交通を直ちに減らし、輸送のエコロジー的・人間的な方向転換を始めなければならないのである。

［注］
1　「福岡空港将来構想　平成九年度調査報告書」「小規模空港案及び海の中道案等の検討調査」福岡空港将来構想検討委員会、一九九八年。
2　「新福岡空港基本構想」新福岡空港調査会、二〇〇二年。
3　「新福岡空港の実現に向けて――福岡空港将来構想」福岡空港将来構想検討委員会、一九九五年。

直ちに輸送のエコロジー的・人間的な方向転換を

日本の空路の密度はすでに度を超している

「新福岡空港基本構想」（二〇〇二年四月、新福岡空港調査会の策定）がいう新空港必要性の論拠は、いうまでもなく、将来の航空需要の増加予測と現福岡空港の処理能力の限界説にあった。政府の交通政策審議会航空分科会の答申（二〇〇二年一二月）も同じである。「答申」もまた、福岡、那覇両空港の需要予測については「将来的に需給が逼迫する等の事態が予想される」ことを認め、「既存ストックの有効活用方策、近隣空港との連携方策とともに中長期的観点からの新空港、滑走路増設を含めた抜本的な空港能力向上方策等について」「総合的な調査を進める必要がある」と報告している。つまり、需給の逼迫を前提とした空港対策論なのである。

だが、「基本構想」の問題は、将来の過大な需要予測にあるのではない。むしろ、わが国の空路の密度が問題なのである。それはすでに度を超している。航空需要をこれ以上増大させてはならないのだ。それどころか、航空交通と自動車交通を直ちに減らし、輸送のエコロジー的・人間的な方向転換を始めなければならない。そうでなければ、地球の再生不能資源を可能な限り持続させ、生態環境を将来にわたって保全することはできない。

日本の自動車保有台数は、国土面積対比で世界一

自動車輸送は、二酸化炭素排出による地球温暖化だけでなく、エネルギー効率、大気汚染、騒音、交通渋滞、社会的費用などさまざまな問題を抱えている。さしあたって、地球温暖化防止のためには、二酸化炭素を減らさなければならない。そのためには、車の利用を減らさなければならない。わが国の二酸化炭素総排出量のうち、企業運輸と自家用車で二〇％を占めているのだ。ところが、わが国の自動車保有台数は七八九九万台（二〇〇六年三月末現在）で、アメリカに次ぐ世界第二位である。国土面積あたりでは、保有台数、道路延長ともに一位である（図5）。自動車保有台数は三位ドイツの一・六倍、道路総延長は一・八倍の長さなのだ。ところが、世界一の高密度を誇る日本の高速道路は四〇兆円の借金を背負って開発されていたのである。

わが国の道路は従来、日本道路（一九五六年設立）、首都高速道路（一九五九年設立）、阪神高速道路（一九六二年設立）および本州四国連絡橋（一九七〇年設立）の四公団が整備事業と営業を行ってきた。しかし、路線網が伸びると利用密度が下がって、経営収支は悪くな

る。それでも公団は、道路の必要性、採算を度外視して建設を続けてきた。二〇〇五年三月までには高速道路の整備計画九三四二キロのうち七三六三キロを、高規格幹線道路一万四〇〇〇キロのうち八七三〇キロを開通させている。その結果、道路債券と長期借入金で三八兆二〇〇〇億円の負債を抱えて行き詰まり、そのことが民営化論に根拠を与えることになる。

そして、二〇〇二年の道路関係四公団民営化推進委員会発足時からもめていた論議が決着し、二〇〇五年一〇月には民営企業がスタートする。まず独立行政法人の日本高速道路保有・債務返済機構が設立される。この機構は、高速道路を保有し、運営会社に貸し付けて貸付料を徴収する上下分離方式の経営となる。機構はまた、公団が抱えている四三兆八〇〇〇億円の借金を引き継ぎ、道路貸付料で四五年のうちに債務を完済した後は道路を会社に渡すことにする。一方、日本道路公団は東日本、中日本、西日本の三株式会社に分割され、首都高速、阪神高速、本州四国連絡橋の三公団はそれぞれ各株式会社に引き継がれる。この運営六社は、借り受けた高速道路の管理、料金徴収と新道路建設の役割を担うほか、サービスエリアの休憩所や給油所の経営などもできる。

だが問題は、高速国道の整備計画区間九三四二キロのうち未整備区間一九七九キロの扱いである。そこで、事業方法を見直し「新直轄方式」に切り替える道路、有料道路事業のまま継続する道路、それに「抜本的見直し区間」(一四三キロ)を設定したのだ。本州四国連絡橋株式会社を除く五社は、機構との間で、今後一五年の間に高速道路一一六三キロ、一般有料

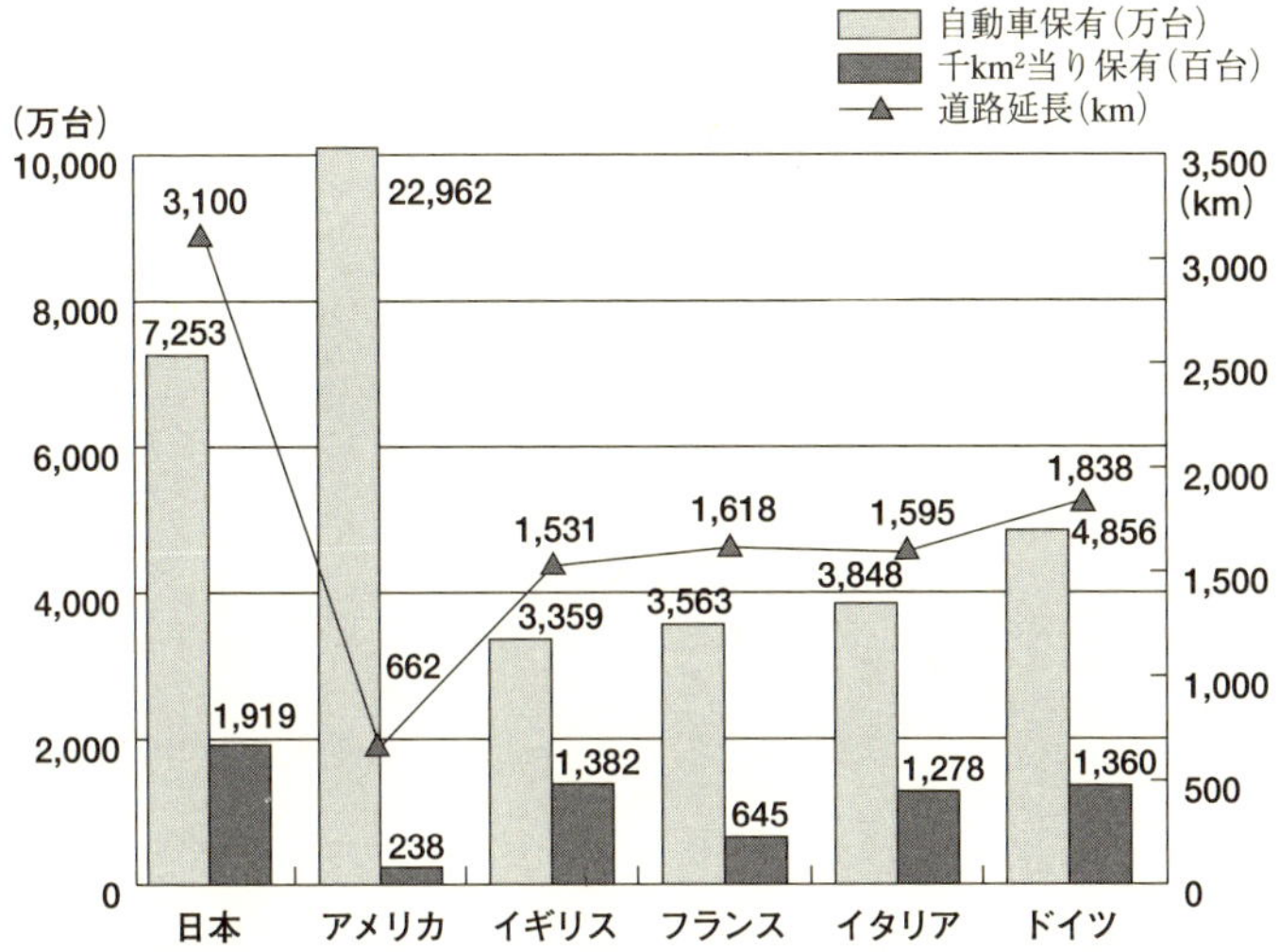

図5　主要国の自動車保有および国土面積千 km² あたりの自動車保有と道路延長（2004年）

道路一九四キロの建設計画ついて、すでに協定を結んでいる。その新設・改築費には、五社合計一三兆円の予算が計上されている。しかも、この協定は、すでに計画されている以外の高速道路についても事業を実施することができることになっている。政府の債務保証さえ可能とされているのだ。つまり、新道路の建設資金は運営会社が調達することになるが、できた道路と借金は機構に移る。しかも、国の保証がつくから銀行はいくらでも融資をする。この「新直轄方式」という新しい手法で、道路族と道路官僚の思惑どおり、高速道路の新設に不可能はなくなったのである。

　四〇兆円の借金となれば、利率二%としても利払いは八〇〇〇億円である。

利率が一%上がれば一兆二〇〇〇億円になる。しかし、会社は、機構に引き渡したその債務を道路のリース料で返済することができなくても、新道路建設を計画して資金を運用する道が残されているのだ。必要性、採算を度外視して、税金を湯水のように投入し、無用のがらくた道路を建設してきた公団経営の構図はそのまま引き継がれたのである。

自動車交通を維持するには、自動車運行に係る膨大なコストを社会全体が負担しなければならない。宇沢弘文教授は、かつてその社会的費用を東京都の場合、自動車一台あたり二〇〇万円（年間賦課額）と見積もったことがある。[1] 当時の日本の保有台数は二四〇〇万台（七二年）、可住面積一平方キロあたりでは二〇〇台程度であった。それでも、宇沢教授は「アメリカ二六台、イギリス一二〇台、西ドイツ一〇二台などという数字に比べて、日本がいかに自動車密度の高い国であるか」と驚きをもって報告していた。また、別の研究グループは、一九八五年のわが国の自動車交通は年間一七〇兆円の社会的費用を発生させていると試算していた。

当時の保有台数は四六〇〇万台だった。それが、いまや保有台数七八九九万台（二〇〇六年三月末現在）、可住面積一平方キロあたり九七五台だ。アメリカ五二台（二〇〇四年末現在、以下同じ）、イギリス二一九台、ドイツ二一五台、フランス一〇六台と比べて異常な高密度なのである。

そのアメリカの社会的費用は「少なく見積もって年間三〇〇〇億ドル以上」[2] と推計されて

いる。イギリス、ドイツの四・五倍という異常な密度のわが国の自動車運行に係る社会的コストがいかに膨大なものであるかが推測できる。日本のクルマ社会は、その膨大な社会的コストの負担に耐えきれなくなって、瓦解が始まっているのだ。

近年、西欧では、脱クルマ社会への流れが始まっている。わたしは一九七九年、ヨーロッパを視察旅行中にオランダの都市を訪れ、片側一車線の車道と歩道との間に植え込みで遮断された自転車道路が確保されているのを見て驚いたことがある。オランダの都市では、二三年前にはすでに自転車利用促進策が実施されていたのだ。ドイツのいくつかの都市では、八〇年代からすでに自動車を市内から締め出し、路面電車（トラム）と自転車優先道路の整備が始まっている。なかには、従来のクルマ三車線道路の一つを自転車線に、一つをバスとタクシー車線にし、残る一車線も将来は路面電車を走らせる計画もある。

日本以上にクルマ依存型社会であったフランスの諸都市では、一九八五年ごろから路面電車の復活をはじめとする公共交通と自転車優先の交通整備計画がすすんでいる。大都市パリですら、一九九五年から自転車道路ネットワークが急ピッチで整備されているのである。

日本の国内輸送距離はドイツの八倍を超える

西欧では一九九〇年、すでに輸送の「エコロジー的・人間的方向転換は、自家用車の使用と道路交通の大幅な短縮なしにはありえない。ヨーロッパにおける空路の密度は異常なまでに度を超している」[3]との提言が出ていた。では、わが国における航空輸送の実態はどうなのであろうか。

主要国の定期航空旅客輸送実績を見ると、わが国の国内線の旅客輸送距離は、アメリカ、中国に次いで世界第三位である。日本の二五倍の国土面積と二倍の人口をもつアメリカ、同じく二五倍の国土面積と一〇倍の人口を抱える中国を例外とすれば、わが国の国内線旅客輸送は、西欧諸国と比べていかに多いかが分かる。

二〇〇四年の定期航空輸送実績[4]（図6）では、国内線の輸送距離は日本七万〇一三九（単位＝百万人キロ、以下同じ）に対して、フランス三万〇八〇一、イタリア一万一一〇一、イギリス九五三一、ドイツ八二二四でしかない。日本は人口が多く、離島が多い島国であるという地理的条件を考えても、ドイツの八・五倍、イギリスの七・五倍は多すぎる。国土面積が日本の一・四倍大きいフランスでさえ、わが国の半分にも満たない。わが国の空港数は離島三五、離島外六一の合計九六、国内路線数は三〇〇路線を超えている。わが国の空路の密度はすでに異常なのだ。

ヨーロッパ（CIS＝旧ソ連を含む）の場合、一九九五年から二〇〇四年までの定期輸送旅客数（図7）は、国際線では一〇年間に二・一倍増えている。だが、国内線では一・二しか増えていない。しかも、二〇〇〇年からの五年間はまったく増えていない。国別ではドイツ、北欧三国が増えていないし、フランスはむしろ減っているのである。

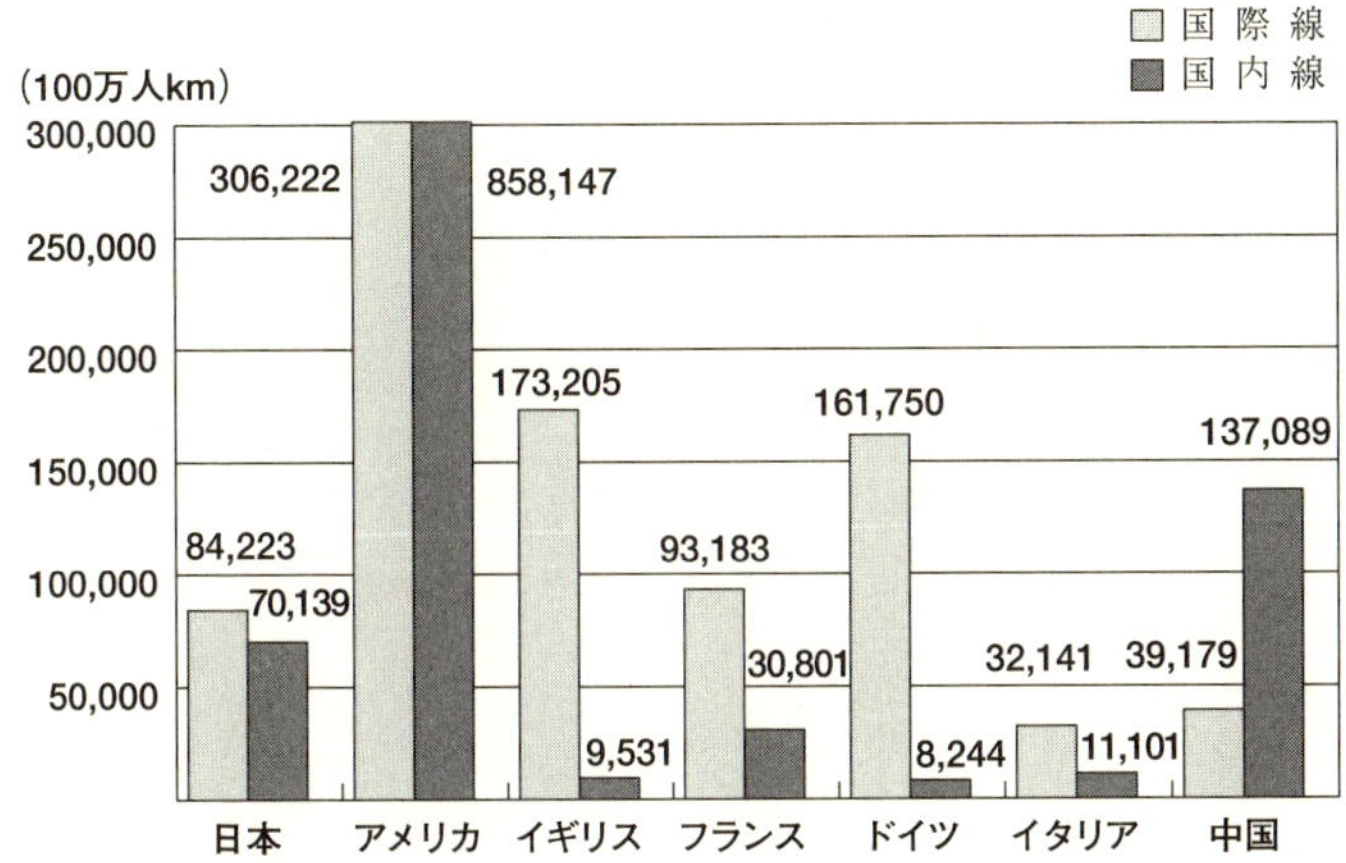

図6　主要国の定期航空輸送実績（2004年速報値，旅客キロ）

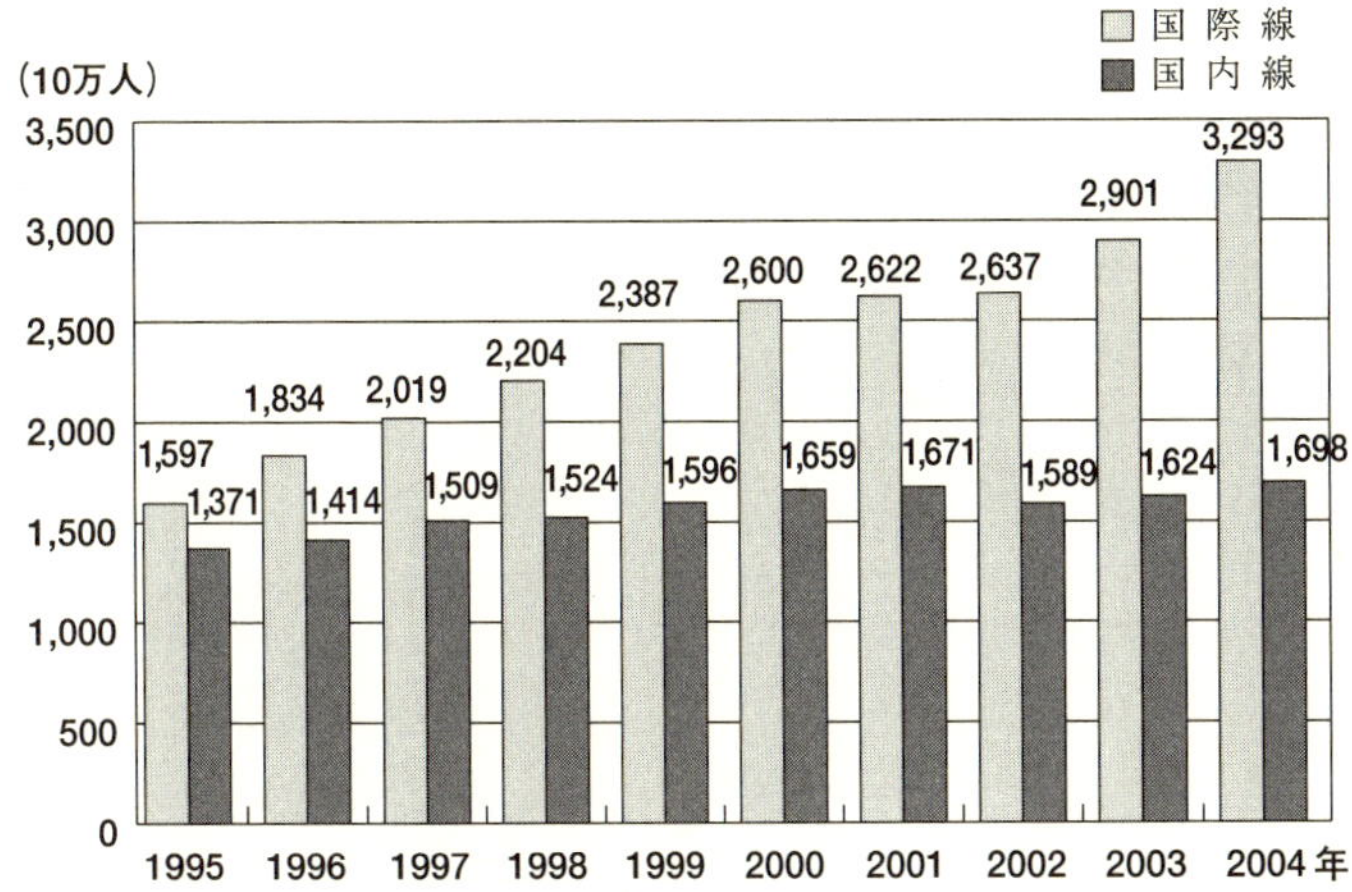

図7　ヨーロッパの定期輸送旅客数

ドイツの場合、国土面積はわが国と同じ程度で人口八三〇〇万人ほどだが、空港数は二二（九五年実績）しかない。空港は州が整備するのだが、鉄道アクセスを重視し、二〇〇から三〇〇キロ程度の距離帯は航空路線を廃止して鉄道に置き換えている、というレポートがある。[5]航空機は、エネルギー効率が乗用車についで悪い（表1）。航空機の一人輸送あたり消費量は鉄道（全体）のおよそ五倍とされる。乗用車は鉄道の六倍から七倍である。航空機と乗用車は、いずれもエネルギー浪費型交通システムなのである。しかも、わが国の使用航空機は、大型機三一％、中型機三六％、小型機三三％と、大型機に偏重している。アメリカ、フランスは小型機が八五％、イギリスは八〇％だ。日本の航空輸送は、まさにエネルギー大量浪費型なのである。

空港整備予算は、これまで空港整備特別会計で組まれてきた。一九八一年度に始まる第四次から二〇〇二年度に終わる第七次までの二二年間の空港整備計画に投入された財源だけでも、合計九兆八四〇〇億円である。

これに新たな資金投入計画がつづいている。関西国際空港は一期工事に一兆四六〇〇億円を投じ、有利子負債一兆二〇〇〇億円を抱えているなかで、さらに一兆四二〇〇億円を投じる二期工事中だ。羽田空港の沖合展開再拡張工事は、二〇〇九年度までに九〇〇〇億円、ターミナル整備を加えて一兆円、その他再整備事業を含めた総事業費は最小でも一兆三〇〇〇億円、最大では一兆八〇〇〇億円と見積もられている。成田空港は六五〇〇億円を超える負債を抱えながら、平行滑走路延長と旅客ターミナルビルの改修などに七〇〇億円の新たな資金投入を計画している。二〇〇五年二月には、中部国際空港が事業費五九五〇億円で開港、その後五〇〇億円を追加整備している。これらの拠点空港のほか、二〇〇六年二月には神戸空港が総事業費三一四〇億円をかけて開港、同年三月には新北九州空港がアクセスを含めた総事業費二四〇〇億円を投じて開港している。つづいて静岡空港一九〇〇億円などの建設計画がすすんでいる。これに、新福岡空港の一兆円と見積もられる事業費が加わるのである。

通勤電車	52キロカロリー
鉄道全体	103キロカロリー
ひかり	116キロカロリー
都市バス	215キロカロリー
80年代ローカル線（閑散）	305キロカロリー
乗用車（都市高速）	440キロカロリー
航空機（B747）	530キロカロリー
乗用車（平均）	644キロカロリー
乗用車（大都市）	714キロカロリー

表1　輸送機関の1人1km あたりエネルギー消費量（上岡直見著『クルマの不経済学』北斗出版刊より）

これらの空港の拡張計画や新設計画には当然、アクセス交通の新規参入が連動する。これまた、膨大な社会的費用が加算されるのである。日本の経済社会は果たして、このエネルギー大量浪費型の航空輸送にかかる社会的費用負担に耐えうるのであろうか。

こんにち、国と地方の長期債務残高は七七〇兆円（二〇〇五年度末）に達している。二〇〇六年三月末の国債と借入金および政府保証債務残高は八八〇兆円を超えている。その借金財政のなかで、現状の輸送の社会的コスト負担に耐えられるほどの成長型経済はありえない。国の空港整備計画は、夢想でしかない永遠の航空需要増大予測に基づいたもので、同じく借財にしかならないものだ。だが、「費用対効果分析」がないままに整備計画がすすめられていることだけに問題があるのではない。そこには、地球規模の環境汚染とエネルギー資源の枯渇問題が将来分析の想定外になっているからである。

航空輸送は二酸化炭素排出量を増大させる

温室効果ガスの二酸化炭素排出量を部門別に見ると、産業部門に次いで多いのが運輸部門（自動車、航空機、船舶）である。航空機の排出量は全体の一％を占めるにすぎないとされているが、航空機のなかでもとくに大型機は、大量の燃料を浪費することで二酸化炭素排出量を急速に増大させている。航空機の燃料消費量は、B７４７で一時間平均四〇〇〇ガロン。成田―アンカレッジ間（約七時間）を飛行すると二万八〇〇〇ガロン（約一〇〇キロリットル）を消費する。B７６７で羽田―千歳間を飛行すると、一人あたり約二四リットルの燃料を使う。それだけではない。航空輸送は連動して自動車輸送を増大させる。空港が開設されると、空港内の車両が増えるだけではない。空港までのアクセス整備で自動車専用道路ができ、乗用車、バス利用が増える。二酸化炭素排出量を一気に増大させることになる。

ＩＰＣＣ（気候変動に関する政府間パネル）が二〇〇一年に発表した第三次評価報告書で

は、二酸化炭素濃度は、現在のレベル（三七〇ｐｐｍ）から二一世紀末までに五四〇～九七〇ｐｐｍになると予測している。その結果、地球の平均表面気温は一・四～五・八℃（第二次評価報告書では一・〇～三・五℃）の上昇、海面は九～八八センチ上昇することになる。

二酸化炭素濃度五四〇ｐｐｍは、産業革命以前の数世紀にわたって安定していた二八〇ｐｐｍのおよそ二倍である。そこで、その危険な濃度領域に達する以前に四五〇ｐｐｍで安定させるためには、数十年以内に「二酸化炭素濃度を一九九〇年レベル以下にしたうえで、その後減少させつづけなければならない」と結論しているのだ。しかし、ＩＰＣＣは一九九〇年の第一次評価報告書ですでに、二酸化炭素を「現在のレベルに安定させるには、直ちに排出を六〇％削減しなければならない」とし、一九九五年の第二次評価報告書でも「直ちに排出を五〇～七〇％削減しなければならない」と警告していたのである。

その排出削減に必要な対策をとるために、海面上昇で国土消失の危機にさらされる小島嶼国連合（ＡＯＳＩＳ）は一九九四年、先進国が二酸化炭素排出量を二〇〇五年までに二〇％削減するという議案書案をＣＯＰ（気候変動枠組み条約締約国会議）事務局に提出している。ＥＵは一九九七年三月、二〇一〇年までに先進国一律一五％削減の目標設定を提案していた。ところが、一九九七年のＣＯＰ3京都会議（第三回条約締約国会議）で採択された議定書では、削減目標を二〇〇八年～二〇一二年までに基準年（一九九〇年、フロンなど三種は一九九五年）の五％に切り下げた。ＥＵ八％、アメリカ七％、日本六％などである。だが、ＩＰ

ＣＣ第三次評価報告書（二〇〇一年）は、二酸化炭素濃度を現在のレベル三七〇ｐｐｍで安定させることは、もはや不可能と予測したのである。

では、京都議定書締結後のＥＵ諸国の取り組みはどうか。ＥＵは全体の削減目標八％を国別に再配分しているが、いくつかの国がそれを上回る独自の目標を設定している。ドイツは二〇一〇年までの国内削減目標（一九九〇年対比）三三％を決めている。イギリスは二三％、デンマークは二一％（二〇一二年までに）削減である。フランスはＥＵ内再配分±〇％であるが、二〇一〇年の排出見通しが九％増なので、九％の削減が必要となる。オランダは、ＥＵ内再配分九〇年比六％減であるが、二〇一〇年の排出見通し二〇％増なので、目標の半分を国内対策で削減し、半分を国外取引で削減目標を達成させるとしている。

ところが、一九九五年の二酸化炭素排出割合で世界の二四％を占めていたアメリカからは、実質的削減目標も効果的削減策も見えてこない。一時は京都議定書からの離脱を表明したアメリカのブッシュ政権は、削減目標のハードルをさらに押し下げようと、いまもって抵抗している。

ブッシュ政権は二〇〇一年に国家エネルギー政策を決めたが、水素エネルギーの開発など新技術への期待は語ってはいるもの、基本は原発建設などによるエネルギー供給拡大政策である。今後二〇年間で石油三三％、天然ガス五〇％、電力四五％の消費を拡大する見通しとなっているのだ。このエネルギー政策では、二酸化炭素排出量は、削減策が講じられない場合、一九九〇年対比三四%増が見込まれるのである。

さて、わが国の京都議定書目標への対応策はどのようなものであるのか。わが国は一九九〇年の「地球温暖化防止行動計画」で、一人あたり二酸化炭素排出量を二〇〇〇年以降、一九九〇年レベルに安定化するという目標を設定していた。しかし、一九九八年度の排出量は、一九九〇年対比で五・六%増加していたのだ。一九九七年の京都会議で六%削減を約束し、一九九八年には二〇一〇年までに六%削減を目標とする「地球温暖化対策推進大綱」を決定、二〇〇二年には一部手直ししたものの、それでも、排出量の増大傾向を止められなかった。

二〇〇三年の温室効果ガスの総排出量は一三億三六〇〇万トン、一九九〇年対比で八・〇%増加していたのだ。二酸化炭素の部門別排出量は、工場等四億七六〇〇万トン、運輸部門二億五九〇〇万トン、業務部門一億九七〇〇万トン、家庭一億六六〇〇万トンとなっている。一九九〇年対比〇%の削減目標を設定しても、現状からは八%削減しなければならない。

そこで政府は二〇〇五年、地球温暖化対策推進大綱をさらに改定し、温室効果ガスの削減目標を一九九〇年対比で一二%に押し上げている。

しかし、その対策のポイントは、①エネルギー起源の二酸化炭素排出量は九〇年対比四・九%削減、②非エネルギー起源の二酸化炭素、メタン、N_2O（一酸化二窒素）は〇・三%削減、③代替フロンなど三種のガスは一・三%削減、④森林整備・緑化推進等による吸収量確保などで三・九%削減、⑤排出量の国際的取引など京都メカニズムの活用で一・六%削減となっている。

しかし、植林・緑化での吸収量確保と排出権の国際取引で五・五％削減を計算するのは欺瞞である。排出権の国内取引は、国内で実質的に排出量を削減するのではなく、いわば抜け道でカバーする施策にすぎない。しかも、地球温暖化対策は、二〇一二年までの二酸化炭素削減目標六％を達成すれば良しとするものではない。ＩＰＣＣは、危険領域とされる「二酸化炭素ダブル（二酸化炭素濃度が産業革命以前の二倍になること）を余裕を持って回避するには、二酸化炭素濃度を四五〇ｐｐｍよりずっと低いレベルで安定させなければならない」と警告しているのである。とすれば、少なくとも先進工業国では、現状の産業社会の縮小を直ちにすすめる以外に温室効果ガス大量削減の方法はない。二酸化炭素削減目標の達成と「経済発展」との両立はありえないのだ。

航空輸送はエネルギー資源の大量浪費システムである

新福岡空港調査会の「基本構想」も交通政策審議会答申も、新空港建設にあたって、将来の航空機燃料の需給予測がされていないのは、まったくおかしなことである。遠い将来の需給予測を問うているのではない。新空港建設を計画するにあたって、空港が完成するたとえば二〇年後、航空機燃料の需給状況をどう予測しているのかを質しているのだ。

こんにちの世界の原油確認埋蔵量はおよそ一兆三〇〇〇億バレルと予測されている（石油連

盟資料)。年間採掘量を現況の二六〇億バレルとすると、およそ四十年の可採年数である。これは四〇年で石油がなくなるということでは、もちろんない。確認埋蔵量は新たな油田開発で増える。現況でも、イラク、UAE、クウエートの中東三カ国の可採年数は一〇〇年を超えると予測されている。しかし、西欧と南北アメリカ大陸での採掘は、ベネズエラを除いてせいぜいあと一五年ほどで終わる。五〇年を過ぎれば、原油供給国は中東の五カ国にほぼ限られることになる。その間には、総埋蔵量二三五〇億バレルといわれるカスピ海油田の開発がすすむだろう。埋蔵量一三〇〇億バレルといわれる南中国海の油田開発も実現するかもしれない。だとしても、世界の年間需要量からすれば、せいぜい一〇年分程度増えるだけのことだ。しかも、アメリカのエネルギー省は、二〇二〇年の世界の原油消費量は年間四〇〇億バレルと予測している。経済成長著しい中国の原油消費量が急激に伸びているからだ。だから、そのころの残存埋蔵量がたとえ八〇〇〇億バレルあったとしても、二〇四〇年には石油資源は枯渇することになる。

石油系資源は、原油以外にもオイルサンド、オリノコ重油、オイルシェールなどがあるが、技術的・経済的にどこまで採掘の現実的な可能性があるのかは不確かだ。原油供給量のピークは二〇一〇年にもやってくるという予測もある。原油価格はイラク戦争後の高騰が激しい。二〇〇六年七月にはニューヨーク市場で一バレル七五ドルを超えて急騰している。問題は、そのような原油需給状況の中で、中東の原油が二〇年後もなお、一般市民が航空機を利用できる燃料価格で供給されるだろうか、ということだ。

人類は、一八世紀後半の産業革命以後、そして、とくに二〇世紀の石油化学工業の発展と共に急速に近代文明社会を築いてきた。しかし一方で、資源の過剰消費や汚染の排出では、いつしか地球の許容範囲を超えてしまったのだ。技術革新も市場調整も、もはや機能しないところにきている。破局を避けるには、引き返すことだ。引き返し、後退したところから方向転換して、エコロジー的・人間的な社会システムづくりへ出直すほかない。それも、できるだけ早く。『限界を超えて』のデニス・メドウズによれば、引き返しに残された時間は一〇年しかないのである。

[注]
1 宇沢弘文著『自動車の社会的費用』一六六頁、岩波新書、一九七四年。
2 白石忠夫著『世界は脱クルマ社会へ』三二頁、緑風出版、二〇〇〇年。
3 「ヨーロッパにおけるみどりのオルタナティヴのために」、江口幹抄訳「全労活ニュース」一九九一年五月。一九九〇年、ヨーロッパ八カ国語で刊行され、一五カ国で配布されたという政治文書で、ピエール・ジュカン（フランス）、ヴィルフリート・カンペー（ドイツ）らヨーロッパ緑の党（緑の人びと）内外の指導者六人が署名している。
4 図6、図7の数値は日本航空協会発行『航空統計要覧』二〇〇五年版による。数値の出典はＩＣＡＯ（国際民間航空機関）。定期輸送の国別旅客数の数値は一九九九年以降、単位・

千人から百万人キロに変更されている。旅客キロ＝旅客一人を一キロ輸送した場合を一旅客キロ。百万人キロは、百万人を一キロ輸送した場合を一とする単位。

5 林美嗣、田村亨、屋井鉄雄共著『空港整備と環境づくり』鹿島出版会、一九九五年。

博多湾の人工島事業は破綻している

事業の赤字はすべて市税で肩代わり

一九九四年七月、工期十年の計画で着工していた博多湾の人工島事業は、ついに行き詰まりを見せている。福岡市（桑原敬一市長＝当時）が計画し「アイランドシティ」と名付けたこの人工島開発事業は、港湾機能の強化、産業・研究開発施設と東部地域交通体系の整備、そして居住空間の形成の四つを事業目的にうたいあげていたが、最大のねらいは博多港を整備し、中国、韓国をはじめアジア諸国との貿易・ビジネスの拡大にあった。

当初の埋立計画は、総面積四〇一・三ヘクタールを六工区に分割、東側一九一・八ヘクタール（会社1工区九七・二ヘクタール、同2工区九四・六ヘクタール）を博多港開発が担当、西側二〇三・四ヘクタール（市1工区〜4工区）を福岡市が担当、港湾基盤整備六・一ヘクタールを国が分担する計画[1]（図8）であった。

土地利用計画は、港湾関連ゾーン一三四・五ヘクタール、産業開発・研究施設ゾーン九三・

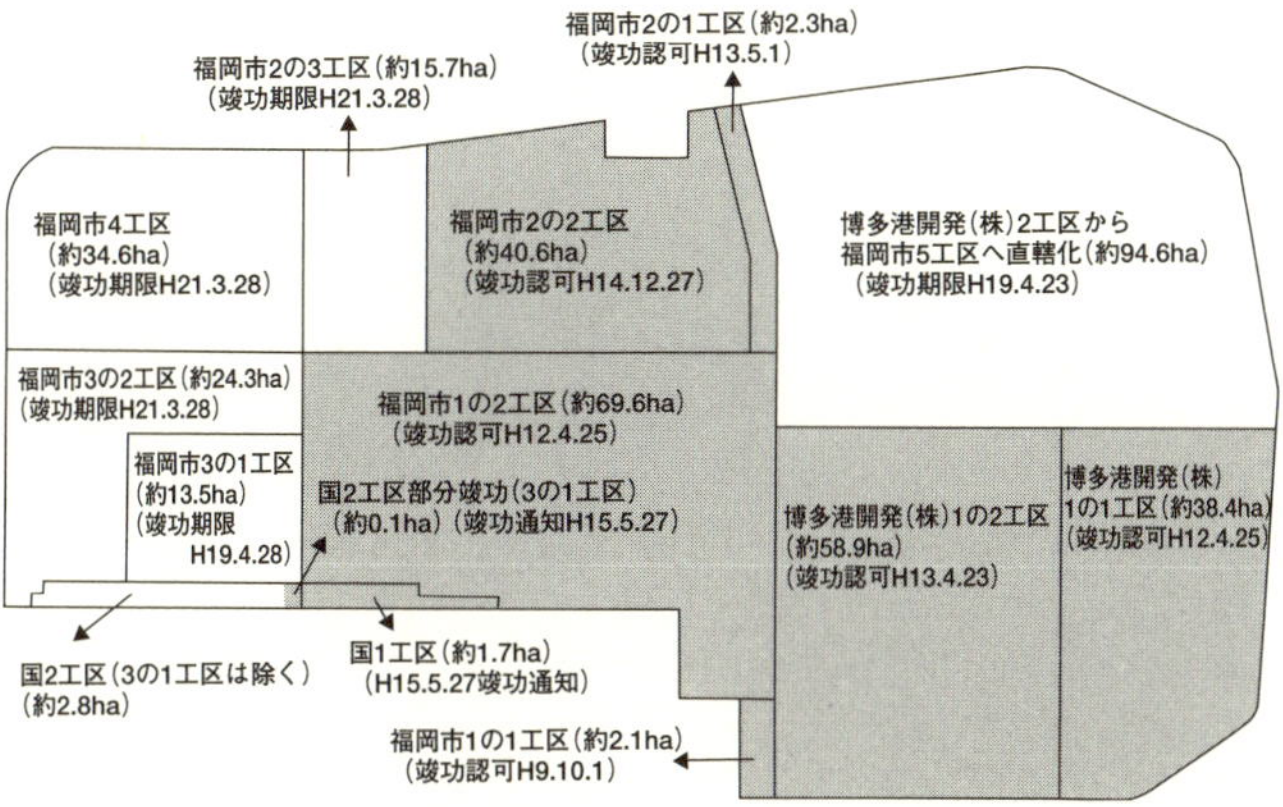

図8　アイランドシティ工区分割図（平成16年1月23日現在）

七ヘクタール、住宅・学校ゾーン七三ヘクタール、緑地・道路・その他で一〇〇ヘクタールとなっていた。事業費は国の直轄事業五一二億円、市の事業二二二六億円（補助事業五二二億円、起債一七〇四億円）、博多港開発（第三セクター）一八五〇億円の共同事業で、総額四五八八億円の巨大開発だ。なかでも、港湾施設事業費は国が五一二億円、市が五二二億円を負担する大事業である。

ところが、埋立工事の半分も終わらない途中から、人工島開発計画が杜撰なものであったことと、バブル経済の崩壊で当初の土地利用計画が崩れ始める。研究施設や住宅用地として構想されていた博多港開発1工区の埋め立てが完了した二〇〇〇年時点では鉄道導入の見通しが立たず、関係金融機関では事業の継続を危ぶむ声が出始める。日本興業銀行は、このまま埋立事業を続けるなら、博多港開発は一〇〇億円の赤字になると試算したのだ。住宅開発を除けば、民間企業の立地計画がなく処分計画が遅れ始める。二〇〇一年には新生銀行、鹿児島銀行、あおぞら銀行の三銀行が博多港開発への融資を止める。ついで、福岡銀行など三銀行を除く八銀行も博多港開発への融資を凍結し、福岡市に対して博多港開発への融資を保証するよう要求する。

一方、人工島建設計画の推進者であった桑原元市長は、この間の一九九八年の市長選で、公共工事を乱発し二兆円を超える負債を抱える要因をつくったことを批判されて落選した。代わって「公共工事の見直し」を公約した山崎広太郎氏が当選したのだ。ところが翌年、山崎前市長は、市の内部に「事業点検プロジェクトチーム」をつくって見直し作業をしたとはいうものの、結果は「事業期間を延ばすことで、従来どおりの計画で事業は成り立つ」と、事業の継続を是認したのだった。しかも、山崎前市長は、当時業績が悪化していた博多港開発（志岐真一社長＝当時）の担当部署から出ていた二〇〇億円の赤字になるという事業報告を四三億円の黒字になると修正報告させていたことが、後日判明している。

その山崎前市長も二〇〇一年には、銀行団の要求で再度、事業計画の見直し検討を始めた。二〇〇二年には新事業計画を策定し、議会の承認を得る。新事業計画は、当初計画の福岡市担当四工区のうち、市4工区五〇・三ヘクタールは五年間凍結、市3工区三七・八ヘクタールは十年間延長を決め、全体の土地処分計画は当初の二〇一六年から二七年度まで一一年遅らせるというのである。

それまでに執行された事業費は、国と市、博多港開発の合計二四四九億円で、まだ計画の五三％（二一四ヘクタール）の工事しか終わっていなかったときだ。融資計画では、博多港開発に市が三〇億円を増資、さらに銀行団への損失補償の一つとして、博多港開発が計画どおり返済できないときには、市が貸し付けることを約束し、そのための緊急貸付枠として二〇〇億円を予算化したのである。

そして二〇〇三年、博多港開発は銀行団が危惧したとおり、予定価格で土地処分ができず資金難となり、緊急貸付枠から四五億円を借り入れる。二〇〇四年には住宅開発計画「照葉プロジェクト」が失敗し、さらに四二億円の融資を受けることとなる。それでも、住宅用地が予定価格を大幅に下回ったことから、経営はいっそう行き詰まる。福岡市はまたも事業計画の見直しを始める。二〇〇二年の見直しから、わずか二年で新事業計画も破綻し、三度目の見直しである。

そこで福岡市は、二〇〇四年の新事業計画で、人工島事業への全面的な市税の投入を改めて決断したのである。埋立工事中の博多港開発2工区の事業を肩代わりし、市5工区として直轄化する。そのために、これまでの事業費として同工区を三九六億円で買い取る。さらに、この5工区の埋立を継続するには二七〇億円の工事費が必要とされていた。しかも、土地が売れないため、本来は販売計画用地に市が一〇五億円を投入して道路、緑地、公園の整備を行うことにする。

住宅用地は買い手がつかないため、銀行の担保要求に応じ、いったん福岡市住宅供給公社に六八億円を投じて買い取らせている。公社への銀行融資には、市が一五〇億円の損失補償をする。また、住宅販売宣伝の一環に過ぎない緑化フェアー開催に三〇億円をつぎ込む。あるいは、住宅建設計画も明らかにならないうちに学校用地（四三億円）を取得している。市立病院の人工島移転を計画（移転費用およそ五〇〇億円）し、すでに建設用地五ヘクタール（六七億円）を取得している。それに、博多港開発の借金返済保証も、住宅供給公社の借金保証も、すべて市が引き受けるというのだ。西鉄宮地岳線からの鉄道導入計画もあるが、採算のメドが立たずに具体化していない。

山崎前市長は「計画の見直しで博多港開発の事業は一九四億円の黒字となる」としたが、その実態は、赤字のすべてを福岡市が市税で肩代わりしているに過ぎない。それに、人工島埋立事業を含む市港湾整備事業特別会計の負債残高は、二〇〇五年度末で一三〇〇億円まで膨らんでいるのだ。

しかも、二〇〇五年三月二〇日に起きた福岡県西方沖地震では、人工島の仮説護岸が決壊し五〇万立方メートルの埋立土砂が船舶係留岸壁に流出したため、新たに五〇億円の費用をかけて浚渫《しゅんせつ》しなければならなくなった。博多湾はもともと水深が浅く、大型船舶を入れるには不適であったため、人工島埋立事業と同時に、湾口から人工島埠頭まで深さ一四メートルの航路を新たに浚渫していたのである。また、人工島建設の主目的であった港湾施設は、国際コンテナターミナルに水深一四メートル一バース（船舶係留岸壁）、外国貿易ターミナルに水深一一メートル一バース、国内貿易ターミナルに七・五メートル四バースを整備し二〇〇三年から一部供用しているが、施設最大の目玉としていた水深一五メートル二バースは、二〇〇六年四月にやっと着工した状況なのだ。

市は、二〇〇五年度末までに事業費の見直しをまとめている。その概要は、国の直轄五四四億円、市の事業二七二三億円（国の補助事業八一八億円、市の起債一九〇五億円）、博多港開発六四五億円の総額三九一二億円である。

総額では当初計画から六四五億円縮小されているが、市の事業費は起債で二〇一億円の増、補助事業の市負担分を含めると、およそ三六五億円の増額となっているのだ。

人工島開発計画が明らかになった一九八九年当初から建設中止を求めて、市議会内外で活動を続けてきた荒木龍昇議員（当時）は事業の現状をこう解説する。

「独立採算事業としての人工島事業はとっくに破綻しているんです。土地利用計画はもともとバブル経済時代の延長で考えた杜撰なものだったから、計画どおりには売れない。第三セクターの博多湾開発は、銀行からの融資をストップされ、市が救済せざるをえない。造成した土地は売れないから、市庁内各部署に人工島内の事業を計画させて用地を買わせる。どの売買計画も、市が造成した土地を市が買い取るいわばたこ足状態ですから、市の負債は増えるばかり。地下鉄導入計画も、土地を売るために交通網の整備が必要なのだというが、採算がとれる見込みがなく、導入の見通しは立っていません。それでも、事業計画を中止しようとせず、また市税をつぎ込んで自転車操業を続けるんです」

人工島開発事業めぐる二〇年の攻防

博多湾東部の大規模整備は、一九六〇年の博多港港湾計画策定に始まる。東部海域に一大工業地帯を構想するものであった。この港湾計画は、高度成長期に入って、一九七二年、七八年、八三年、八九年と改定される。その間、須崎埠頭、博多埠頭、中央埠頭、東浜埠頭、箱崎埠頭、荒津地区、福浜地区の建設工事をつぎつぎに着工していく。また、一九七二年の港湾計画では香椎・和白海域の海上流通ターミナル（人工島）構想としていた計画を、一九七八年の改定では東部海岸部の全面埋め立てに変更している。一九七八年の港湾計画では、博多湾の一〇％に当たる九四〇ヘクタールの埋め立てが計画されていたのである。

だが、この計画を知った市民の中から反対運動が起こる。一九八一年には「福岡市環境影響評価条例＝まちづくり条例」制定の直接請求運動を展開し、直接請求に必要な有権者の署名数を遙かに超えるおよそ一〇％の署名を集めたのだ。しかし、市議会では否決された。さらに一九八六年には地行・百道地区の埋立事業が、一九八八年には小戸・姪浜地区の埋立事業が竣工する。そして、市は一九八七年、国際物流ネットワークの拠点整備をめざして香椎パークポート（一三五ヘクタール、事業費一五二四億円）の公有水面埋立免許を申請する。この申請には、堀内俊夫環境庁長官（当時）は六項目の意見を付し「博多湾東部海域が有する、都市に近接した自然とのふれあいの場としての重要性にかんがみ、今後の港湾整備の検討に際しては、残された自然海岸や干潟の保全に十分な配慮がなされる必要がある」との注文を付けた。それでも市は、埋立免許を取得し、一九八八年には着工したのである。

そして一九九四年、香椎パークポートの一部を竣工、外貿コンテナターミナルの供用が始まる。外貿コンテナターミナルは、水深一三メートル、全長六〇〇メートル二バースとガントリークレーン（トロリー式橋型クレーン）四基を備えている。つづけて一九九六年には、水深一一メートル一バースと水深七・五メートル六バースを整備した外内貿ターミナルを竣工している。

また、一九九四年には、博多湾では最終の港湾施設計画となる人工島（アイランドシティ）開発事業に着工する。この人工島開発事業は、和白干潟を破壊する危険があることから、事業計画が明らかになるにつれて多くの市民の反対運動が巻き起こった。一九九二年には市民団体が一二万人の人工島建設反対著名を福岡市議会に提出し、翌年には、世界自然保護基金ジャパン（WWFJ）、日本自然保護協会、日本野鳥の会、日本湿地ネットワークなどの自然保護団体が桑原市長（当時）に計画の見直しを求めた。

一九九三年には市の環境影響評価書について、奥田八二福岡県知事（当時）が「環境への影響を懸念する」と厳しい意見書を出し、一九九四年には広中和歌子環境庁長官（当時）が「博多湾・和白干潟は国際的に重要な湿地である。監視と水質改善策の実施、適切な保全策を採ること。工事途中段階で、環境影響評価の予測についてレビューを行い、その結果をふまえて、埋立工事の工程等の変更を含め環境保全上必要な措置を執ること」と異例の意見をつけたのだ。それでも、運輸省（当時）は埋立免許を許可したことから、市民団体は福岡市を提訴する。ところが、福岡市は一九九四年、強行して人工島埋立事業に着工するのである。

そして、福岡地裁は、四年後の判決で事業の必要性は認めたものの「環境影響評価として本来備えていなければならないはずの科学的で客観的な性格とはやや異質のものを感じさえするのである」「福岡市は事業の推進に急なあまり、反対意見に耳を傾けることに欠けた」「この際、本件事業を抜本的に見直すというようなことさえ一つの政治的な決断として考えられないではない」と、市の姿勢を控えめな表現ながら厳しく批判したのであった。

こうして、博多湾は、この四十年間に西部小戸地区のマリノアシティから東部のアイランドシティまで延長一五キロにおよぶ自然海岸が消え失せ、一部に人工海浜公園はできたものの、ほとんどコンクリート護岸で囲われてしまったのである（図9）。

福岡市は人工島計画当初、港湾関連産業、アジアビジネス関連を含めて一兆円を超える経済波及効果をもたらすと試算し、人工島内での雇用は二万二〇〇〇人、波及効果を含むと一二万三〇〇〇人の雇用創出効果をもたらすと吹聴していた。確かに、博多港の外貿コンテナの取扱個数は、香椎パークポート・外貿コンテナターミナルの一部供用が軌道に乗り始める

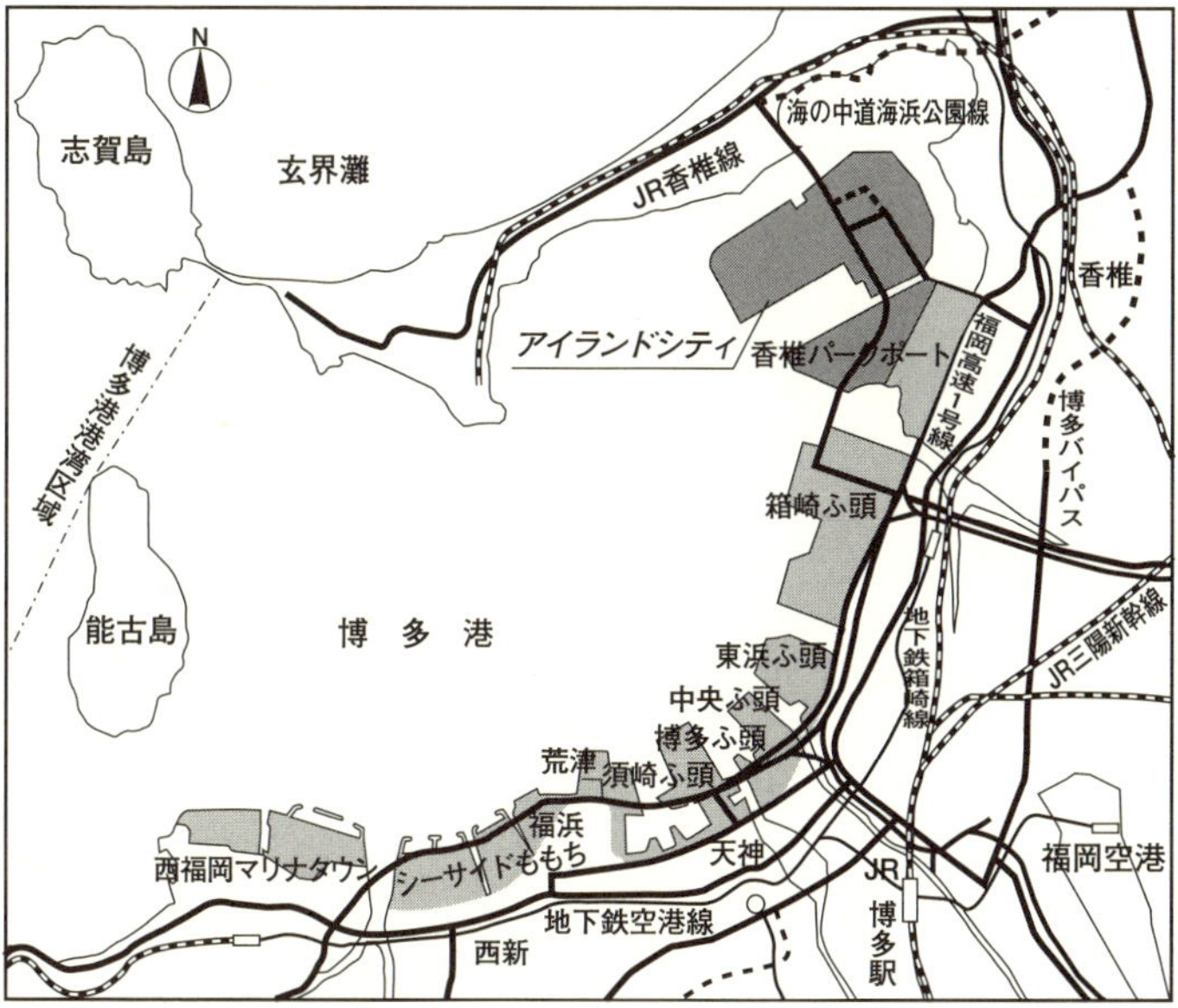

図9　港岸の埋め立て進行図

一九九六年ごろから急速に伸び始める。一九九六年の総個数三〇万九〇〇〇TEU[2]、そしてアイランドシティ・外貿コンテナターミナルの一部供用が始まる二〇〇三年五六万七〇〇〇TEU、二〇〇五年六六万七〇〇〇TEUと、この一〇年で倍増している。しかし、外貿貨物重量で見ると、総重量は一九九六年九三二万トン、二〇〇三年一二五一万トン、二〇〇五年一三一七万トンと、四割増程度でしかない。ただ、積荷の形がコンテナに変わっただけのことに過ぎない。

香椎パークポートの外航船入隻数が一〇〇〇隻を超えたのは、開港六年後の二〇〇〇年一一五九隻だ。二〇〇五年は一二四六隻である。アイランドシティの港湾施設は二〇〇三年から一部供用しているが、外航船の入港隻数は二〇〇三年二一三隻、二〇〇四年八八一隻、二〇〇五年八五四隻でしかない。三万総トン級を超える船舶はまだ一隻も入港していない。箱崎埠頭を含む博多港全体でも、外航船入隻数は、二〇〇三年五九二三隻、二〇〇四年六一三五隻、二〇〇五年六二一三隻とやや伸びている程度だが、それでも、大阪港、東京港と並んでランクされるまでには増えている。しかし、港湾機能の強化は、競合する北九州市響灘地区でもすすんでいる。北九州市港のコンテナターミナルは、これまで太刀浦に水深一〇メートルと一二メートルを二バース、小倉に水深一一メートルから一二メートル一バースが稼働していたが、一九九六年には響灘地区に大規模港湾構想を策定している。この国際貿易港「ひびきコンテナターミナル」構想は、水深一五メートルから一六メートルを六バース、一二メートルバース、一〇メートル二バースの合計一二バースとガントリークレーン九基を整備する計画である。このうち第一期整備事業として水深一五メートル二バースと一〇メートル二バースの計四バースが完成、ガントリークレーン二基を整備し、二〇〇五年四月から供用を開始している。しかもなお、第二期事業で岸壁八バースとガントリークレーン七基の整備計画がまだ残っているのだ。

北九州市港の二〇〇五年外貿コンテナ取扱個数は四〇万八〇〇〇TEU、貨物重量は三一四一万トン、外航船入隻数は四六二三隻だ。二〇〇四年は外貿コンテナ取扱個数四〇万TE

し、貨物重量三二一三万トン、外航船入隻数四八六四隻だから、二〇〇五年は少し減少していることが分かる。

北九州市港と博多港は、直線距離でわずか五〇キロと離れていない県内で、競って港湾設備を強化しているのである。両港がこうして設備投資を競い合えば、双方が無謀な過剰設備となることは明らかである。国の委託を受けた「スーパー中枢港湾選定委員会」は二〇〇四年五月、五地域の候補港湾のうち博多港、北九州市港について、両港の連携策がなかったことやコンテナ取扱量が三大都市圏の港湾に比べて少なかったことなどから指定を見送っている。だが、こんにちの課題は、港湾設備の過不足にあるのではない。

人工島事業は、博多港開発から引き継いだ市五工区の埋立工事だけが進行中で、市三工区、市四工区の八八ヘクタールは工事を凍結あるいは延長している。だが、市債残高二兆六五〇〇億円（二〇〇六年度見込み）を抱える福岡市の財政事情からは、はたして一〇年後でも着工できるかどうか不透明だ。着工したとしても、これから先の工事はただ土砂の山を、それも借金で積み重ねるだけに終わるだろう。かつての東京湾の臨海副都心構想、横浜市の「みなとみらい」、大阪の「りんくうタウン」、神戸市のポートアイランド計画など東西の巨大開発がバブル不況のあおりを受けていずれも破綻し、いまもって事業処理ができないでいることは周知のことである。貿易量が増えるから港湾施設を増設する、人口が増えるから土地を造成するだけの都市政策では、あまりにも短絡的で無能すぎる。しかも、人工島の港湾計画は、外国貿易の無限的拡大路線の延長線上に構想されている。
わが国の工業製品輸出中心の対外貿易構造は、輸出相手の新興国を下請けの地位におくだけでなく、原料と農畜漁産品供給の役割に閉じ込めるものでしかない。むしろ、肥大化した対外貿易、過剰な物流は、対象国地域経済の健全なストックを妨げ、貧富の差を拡大する。とくに農畜漁産品の輸出入拡大政策は、輸入国の農畜漁産業を壊滅させるだけでなく、その交易で起きる国土の物質バランスの変化が双方の生態系をそれぞれに狂わせ、環境公害を引き起こすものでしかないことを指摘しなければならない。

［注］
1　現在、市が現在公表している図8の工区分担面積と計画当初の分担面積とでは違いがある。
2　ＴＥＵは、二〇フィートコンテナに換算したコンテナ個数の単位。二〇フィートコンテナ一個が一ＴＥＵ。四〇フィートコンテナ一個は二ＴＥＵとなる。

博多湾の人工島とわたしたちの選択

市民会議の「見直し・縮小」案に異議あり！

博多湾の人工島埋立事業は一〇年工期の半分をすでに終え、着々とすすめられている。一時は、福岡市の大規模事業の点検・見直しをうたった山崎広太郎前市長も、いち早く、当然のことのように事業の継続を決定した。多くの市民意見を無視した福岡市のこのような強行姿勢に対する批判の声をいっそう強めて、埋立事業を停止させ、建設計画の撤回に向けてさらに市民の意志を結集しなければならない。

ところが、埋立事業を見直すための市民討議の場として発足した「人工島の見直し・縮小を実現する市民会議」がこのほどまとめた「市民提案」は、人工島建設の第一の事業目的である港湾施設と関連企業施設をどうするのかについてはまったく触れることなく、単に埋立規模の縮小と土地利用計画の若干の手直しで人工島を是認するものとなっている。もちろん、市民会議の多様な意見が必ずしも集約されたものではないようだが、それでも一つの運動方向が示唆されていることは確かだ。

提案者の一人は「人工島に反対するだけでなく、干潟の保全のために行政とともに何ができるか対策をとりたい」との意向を語っている。この発言の意味するものは何なのか。「人工島に反対するだけでなく」と「行政とともに —— 対策をとりたい」の文脈では、これまでの市民行動の方向とはつながらない。発言の前半の真意は、おそらく「人工島に反対するのは止めて」であるのだろう。

市民会議はもともと、人工島建設に反対する市民意見の一部を排除して発足したものであった。市民提案は、第一義的に「着工前の海に戻すことを要求するものではない」ことが前提とされている。この条件がなぜ第一に強調されなければならないのか。市行政（の推進派）にこびての発言と思える。「海に戻すことを要求する」意見に対し、頭から「そんな要求は非現実的だ」とする批判は、行政から「だから、やらない」という回答を引き出すための問いかけにしかならないのだ。これでは、福岡市が着工前の一九九二年に開催した「市民意見発表会」が、着工を前提にした、ポーズとしての市民意見の聴取に過ぎなかったのと同様に閉塞的議論になってしまうのは当然のことである。人工島建設に反対する市民意見はやがて、市民会議から消滅してしまうことは目に見えていた。

人工島建設反対運動は、これまで二つの目的で語られてきた。一つは、もちろん和白干潟を守るためだ。もう一つは、必要のない無駄な開発計画である人工島建設事業を止めさせるためである。人工島は無駄な公共事業であるだけでなく、博多湾の自然環境を破壊し、干潟を消滅させてしまうというのが主張の根拠であった。ところが、市民提案は、埋立事業の四〇％、護岸の七〇％の工事がすすんでいることを理由に、人工島建設を是認するものとなっている。

それにしても、「売却可能な区画は売却する」としているのは、どういう思惑があるのか。港湾施設と関連施設ができ、それに「売却可能な区画」をつくるためには、ある程度の社会基盤整備が必要だから人工島計画の核となる施設はほとんど整備されることになる。基盤整備ができれば、多少の産業施設は誘致されて仕方がないということになる。これでは「事業の抜本的見直し」に行き着くことはないだろう。逆に、造成した土地売却に協力して、人工島財政を破綻から少しでも救済するのに手を貸そうというのだろうか。ここには、「人工島はできても、せめてもの和白干潟が守られればいい」という発想が見えかくれしている。

しかし、現存の福岡市政に「もみ手」をして近づいても、財政破綻からの市政のひび割れが市民の前に露呈しないかぎり、「事業計画の見直し」が実現することはない。市政が、市民の政治的圧力なしに自分たちの計画の破綻とその責任を負わされるような事業の停止や変更を認めることはありえないことだ。

開発推進派は内側から自己崩壊する

反開発、反原発、反基地等々の反対運動の場合、近年でこそ、開発計画が中止になる事例が出たり、原発拒否、基地拒否の住民投票を実現できるようになったが、これまでの長い市民運動の歴史では、計画の撤回あるいは着工自体を阻止するような成果を見ることは、まずなかった。反人工島の運動に結集した福岡市民もまた、十数年を経たこんにちでも、工事を差し止めるだけの政治的力量を持ちえなかったことは事実だ。こんにちでも「住民投票」を実現する力すらないことは認めざるをえない。

しかしながら、わが国の原発政策もどうやら、安全対策、事故対策のコスト高に加えて、さらに安全神話が崩れたことから、各地で崩壊しはじめたことは周知のとおりだ。原発はシステム内部から崩壊が始まっているのだ。同様に、人工島事業もまた、たとえ埋立事業を直ちに停止させることができなくても、反対運動のために工事期間が長引き、そのために土地造成のコストがあがって開発収支がマイナスとなり、財政破綻を決定づけることになれば、それが、市議会、行政、企業のトライアングル政治の破綻を招いて自己崩壊するという道筋になる。その時期が、たとえ建設事業を終わった後であったにしても、少なくとも、第二、第三の人工島建設計画をさらに困難にするということを、福岡市だけでなく各地の行政に思い知らせる役割を果たすことができれば、それは成果だし、わたしたちが後世につなぐ「遺産」となるものだろう。

市民会議は、人工島をめぐるこんにちの事態の中で、これまでに積み重ねてきた運動のいったい何を成果として獲得し、何を放棄しようとしているのだろうか。博多湾の人工島に反対する運動は、福岡市民だけのものではない。名古屋港藤前干潟の埋立事業を容認しなかった環境庁、運輸省の決定の背景には、長崎県諫早湾干拓の排水門開放と干潟回復への闘争継続をはじめ、全国各地の反開発、干潟保全・自然保護の運動の存在が圧力となっていることに、市民会議が気づいていない訳はないだろう。

市民会議は、東京都・臨海副都心開発懇談会の見直し作業の中で「森と原っぱ」提案に込められた意味、あるいは、懇談会の五十嵐敬喜委員の「森は、現在解決することができない問題に対して、直ちに回答しない哲学であり、知恵である」という発言から、何を学び取ったというのだろうか。博多湾の人工島見直し案は、なぜ「森と原っぱ」ではいけなかったのか。市民会議の「縮小」案で市との妥協がもしも成立したとして、千葉県の埋立面積七分の一縮小案をも拒否し、あくまで白紙撤回を求めている三番瀬埋立反対の仲間たちに、どんな連帯の言葉を市民会議は返すことができるのだろうか。

人工島埋立事業を強行されている現状で「せめて干潟救済のためになんらかの譲歩を」訴える心情が分からないではない。しかし、博多湾の汚染がこのままつづけば、人工島がたとえ建設されなくても、現状では、和白干潟の富栄養化とヘドロ化はもはや避けられない。部分的になんらかの人工的整備をするとすれば、その整備事業は、博多湾の生態系を生かしてのアプローチではなく、化学技術を使っての対症療法的処理でしかないし、それは近代技術の枠内での「環境保全」でしかない。

和白干潟のヘドロ化問題の解決は、博多湾全体の汚染、したがって湾岸全域の過剰窒素による汚染を解決することなしにはありえない。問題解決のためには、博多湾岸全域にわたる自然海浜や博多湾に流れ込む河川の自然護岸をどこまで復元し、湾岸地域の生態環境をどこまで復元できるか、そして、湾岸地域にとどまらない上流地域を含めた人びとのくらしと街づくりのありようを、その生態環境の許される範囲に回帰することまで構想を拡げた施策でなければならない。これは、わたしたちの次世代、次々世代の人びとを含めての、半世紀あるいは世紀を超える長期の文明的転換の仕事でもある。その構想の中では、あるいは人工島や香椎パークポートを解体して元の海に戻すことがあるかもしれないのだ。

Ⅱ　生命系・反グローバル運動

コメ輸入自由化の思想と反対運動の論理

コメ市場開放への『朝日新聞』の詭弁

一九九三年のガット（ＧＡＴＴ＝関税貿易一般協定）・ウルグァイ・ラウンドの農業交渉をめぐっては、ほとんどのマスメディアが多かれ少なかれコメ輸入自由化への論陣を張っていた。なかでも、もっとも戦闘的に展開したのは「朝日新聞」であった。ことにコメの緊急輸入方針を固めた政府方針を伝える一九九三年九月二五日付報道に始まり、ラウンド合意が決着した後の一二月二一日付までの大キャンペーンはまことにすさまじいほどのものであった。なかには、わたしたちを激高させるような論理や事実誤認が各所で展開されていたものである。

それに比べれば「Ｏｐ—ａｌ」二〇号の「農産物輸入自由化批判への批判」（Ｈ・Ｎ氏）は、類似の論理が多く、たわいない論調であるが、驚いたのはかれの到達点、つまり、ラウンド合意の「批准阻止は無責任」であり、課題は「農業そのものの体質の強化」という結論である。だが、この「体質強化」論こそ、農業基本法以降三十数年来の農政が基調としてきたものであり、その基調は農水省が一九九二年に打ち出した「新政策」(「新しい食糧・農業・農村政策の方向」)にも依然引き継がれているのであり、それはまた、コメ輸入自由化論者たち――かれらはまた、この間の民営化、規制緩和、間接税への移行、資本移動の自由化など、日本企業――国家が遂行中のさまざまなリストラ改革を貫く新自由主義・新保守革命思想の旗手たちでもあるのだが――の主張でもあるのだ。

一九九三年のコメ凶作は、輸入自由化に期待を寄せる側にとっては、まさに「天運」であった。コメの作況が最悪となることが明らかとなり、政府が緊急輸入の方針を語った九月、この事態をいち早くウルグァイ・ラウンド農業交渉をにらんだコメ市場開放問題とつなげて論じたのは「朝日新聞」である。かの編集局がこの日、その「天運」にひそかに微笑んだであろう様子は、翌日からの上気した紙面がありありと物語っていた。同紙は九月二五日の経済面のトップでこう書いていたのである。

「政府がコメを緊急輸入する方針を固めたのは、政府によるコメの国内自給の方針が破綻したことを意味する。――コメ不足の背景にはコメの供給力の低下がある。関税化によるコメ輸入には反対のまま緊急輸入に踏み切れば〈日本は都合の悪いときだけ輸入に頼る〉との国際的な非難が高まるのは必至だ」。

緊急輸入が「供給力の低下」を意味するというのなら分かりもするが「自給方針の破綻を

意味する」というのは詭弁でしかない。しかも、凶作が理由の緊急輸入に、いったいだれが「国際的な」非難を浴びせるというのだ。

翌二六日、「朝日新聞」は「コメ輸入から市場開放へ」という表題の、後に悪名を馳せた社説を掲げる。この社説の論点は三つあった。一つは、コメの在庫不足は「農家が価格の安い政府米をつくりたがらないところに根本原因がある」ので、こうした事態を避けるには「コメの生産をできるだけ農家の自主性にまかせ、不足したら輸入する」ということ。これは完全自由化論である。二つには「自由貿易論を主張する日本が、コメに限って〈例外なき関税化の例外〉を言い続けるのは、無理がある」。しかし、その「関税化は、直ちに輸入の完全自由化、国内産米の壊滅を意味するものでない。――高関税で対抗できる」ということ。三つには「世界の巨大なコメ市場と日本の市場が結びつくことが、需給の安定、ひいては食糧の安全保障につながる」というものであった。

二つ目の論点は、完全自由化の推進論者が、一方で「関税化は完全自由化にならないから心配ないよ」となだめてくれている構図である。同様の論旨では、唯是康彦氏が「だれにでも公平な関税に一本化しようということで、即自由化ではない。――七〇〇％の高率なら、税率を下げた七年後でも一二〇万トンしか入ってこない」(一〇月一日付)と主張していた。だが、関税化しても「高関税で対抗できる」というのは詭弁である。

ガットの原則は三つある。第一はもちろん「例外なき関税化」であるが、これは第二の原則「関税の軽減」につながるのだ。第三は「差別待遇をなくす」である。つまりガットの「関税化」は「関税化ゼロ」へ向けての一歩に過ぎない。ラウンド農業交渉の実態は、アメリカとEUによる新たな農蓄産物市場分割交渉だったのであり、当然、輸出国の利益が優先される。高関税が輸入国に有利のまま、将来にわたって許されることなどありえないのだ。

ガットの自由貿易が地域農業を破壊する

したがって、問題は「コメを例外に」ではなく、ガットの「自由貿易」そのものなのである。ラウンド農業交渉には、アメリカでも消費者、農民、環境グループによる反対運動が組織されていた。一九九一年の「ドンケル合意案」[1]が提出された当時、全米消費者連合や全国消費者連盟、アメリカ・グリーンピース、地球の友、動物福祉協会など二八の環境・消費者グループが連名で「合意案拒否」[2]を訴える書簡を下院に送ったし、一九九二年には同様の一四団体連名で「ニューヨーク・タイムズ」に「私たちの食品安全、環境保護の法律がガットで骨抜きにされる！」[3]とのタイトルで意見広告を掲載している。かれらの主張を、消費者運動の指導者ラルフ・ネーダーが一九九一年の国際消費者機構（IOCU）世界大会へ向けた声明「ガット・整合化（ハーモニゼーション）は、消費者、環境、第三世界を脅かす」[4]のなかから要約すると、こうである。

第一に、ガット最大の脅威は「整合化」と呼ばれる過程である。ガットの安全基準はコーデックス・アリメンタリウス（国際食品規格委員会）で検討されるが、貿易障壁を低くするため、各加盟国で現に実施されている環境・健康・安全性基準の最低レベルにまで画一的に緩和されることになる（コーデックス委員の多数は、カーギル、ネッスルなど穀物・食品の多国籍企業の代表が占めている）。そこで、国内の消費者運動が獲得してきた安全基準はほとんど反古にされることになるのだ。

第二に、自由貿易から得られる利益の多くは多国籍企業が吸収するのであって、消費者ではない。むしろ、市民はガットによって貿易交渉のプロセスから閉め出されるのであって、これまでの市民運動が勝ち取ってきた政策決定プロセス上の成果さえ無力となる。

第三に、ガットは、とくに第三世界の人びとが自給自足の手段を通して自立経済を確立しようとするのに対し脅威となる。サービスと投資に関する新ラウンドのねらいは、第三世界への海外投資の規制を排除することであり、知的所有権の分野でも多国籍企業の独占力を強めることにある。

つまり、ガット・新ラウンド農業交渉に関するわが国マスコミのこの間の議論は、「自由貿易」体制を擁護すべき大前提としてコメ関税化問題を論じていたが、しかし、本当に議論すべき問題は、ガット新協定の自由貿易主義そのものが南北格差を拡大再生産し、世界の農業と環境を地球規模で破滅に導く危険なものではないか、ということなのである。その点でも

「朝日新聞」は、ラウンド合意が成立した一二月一五日付の夕刊で、田中直樹氏の「自由貿易主義・規制緩和路線を選択し、自由主義経済思想を持て」という経済思想を鮮明にした主張を掲げていた。

農産物自由貿易は自然の循環を断つ!

「農業は自由貿易の論理になじまない」という主張が、H・N氏のいう「甘え」であるのかどうか、二例だけあげてみよう。

農業には自然の循環、いわば仏教の「輪廻の思想」というべきものがある。土に育まれた草を動物が食べて育つ。その動物の糞尿はもちろん、死ねば、死体さえ土壌の微生物が分解して土の養分になる。その養分を吸収して草が育つ、というふうにである。だから、近代都市の下水道整備は糞尿を海に流し、この循環を狂わせることになる。それが、国境を越えることになれば、循環は完全に断たれる。そして「われわれは、トウモロコシ一トンについて十二トンを輸出しているのだ」という農産物輸出大国アメリカ農務省高官の嘆きに象徴されるように、土壌浸食、砂漠化に悩まされる要員の一つになるのである。

では、農産物輸入大国日本ではどうか。わが国は諸外国から、飼料、穀類、野菜、果実などの農産物と肉、魚介類合わせて四五〇〇万トンを輸入しているが、これらを窒素分に換算すると年間一〇〇万トンに達すると試算される。これに国内で生産された農産物に含まれる窒素量九〇万トンを加えると一九〇万トンだ。このうち、農地に還元されるのは四〇万トン余りでしかないから、残りの一五〇万トンは毎年、環境中に放出され、河川や湖沼、湾岸を汚染し続けることになる。海外から運び込まれる食糧は、飽食日本人（われわれは年間一〇〇〇万トンの残飯を産出している）を肥満体質にしているだけではなく、国土と沿岸まで窒素過剰の汚染地帯にしているのである。

もう一つの例は、南北の所得格差を絶望的にまで拡大したのは、ひとえに南と北の「自由貿易」に起因しているという歴史的事実である。こんにちの世界経済構造にあっては、南の途上国の農産物など一次産品が、北の工業製品と「互恵平等」に「等価交換」されることなど神話にすぎない。一九九二年のブラジル・地球サミットで、南の途上国政府高官はこう嘆いたという。

「コーヒーの輸出価格が低迷すると、栽培業者はそれまでと同じ所得を得るために、新たに山林を開発して栽培園を拡げてまで輸出を増やすことになる。そうすると供給過剰となって、さらに価格を下げることになるのだ」

これが南の貧困と環境破壊の構図なのである。それが食糧不足の途上国であれば、この貧困の構図からの脱出はいっそう困難になる。だからこそ、地球サミットに参集した世界NGOは、①自給を基礎とする食糧安全保障と、②持続可能な農業、の二項を活動計画の中心テーマとしたのである。

工業・貿易先進国日本としては「貿易黒字を減らすためには農産物の輸入はやむをえない」という議論がある。だが、経済構造をそのままで、農産物の輸入を増やせば黒字が解消するということはない。工業・貿易立国であることを止める以外にないのだ。

三つ目の論点、「世界の巨大なコメ市場」という認識が事実誤認も甚だしいことは、その後の輸入米不足の事態で明らかになったとおりである。世界のコメ貿易量はわずかに一二〇〇万トン（生産量の二・三％）程度が低所得の途上国で取り引きされているにすぎない。しかも、日本人が食べているジャポニカ種は、このうちの二〇〇万トン程度である。世界のコメ市場はきわめて狭量でしかない。需給が逼迫すれば、すぐに価格は高騰する。だから、政府が緊急輸入を決定した途端にシカゴ相場もタイの輸出価格もほぼ倍額に高騰し、そのためアフリカ西海岸の国では輸入量を例年より減らさざるを得なくなったり、ブラジルでは小売価格が値上げされたりもした。わたしたち日本人は、ここでも有り余る金にあかして、飢餓に苦しむアフリカの人びとからコメすら収奪したのである。

最初の論点に戻ろう。「供給力の低下は——農家が価格の安い政府米をつくりたがらないところに根本原因がある」という論点についてだ。「朝日新聞」は、この論調のあと食糧管理制度廃止への方程式をつくりあげる。つまり、①コメ不作＝不足となったのは在庫不足に問題、②在庫不足は供給力の低下が原因、③供給力の低下は食糧管理法による農家の過保護が原因、④したがって、規制緩和＝関税化（輸入自由化）＋食管廃止（完全自由化）によって農業を近代化・大規模化し、産業としてのコメづくりを確立する、というものだ。この方程式を強要するため、食管制度攻撃の企画を組んだのである。

かれらには、食管法が零細・兼業農家を過保護にし、それが農業の近代化＝大規模化を阻害してきたという認識が根底にある。だから、食管制度を廃止し、安い外国産米を入れて圧力をかければ、小農は廃業し、必然的に大規模稲作経営が育成されるだろうと考えている。

農業近代化＝大規模化は、一九六一年の農業基本法制定いらいの農水省の基本路線であった。H・N氏のいう「農業の体質強化」「足腰の強い農業」はすでに、この三〇年らいの農水省＝全中（全国農業協同組合中央会）を包含しての中心スローガンだったのである。一九九二年の「新政策」でもこの基本路線は変わっていない。それどころか「新政策」では、大規模稲作農家・企業体の戸数まで育成目標にかかげ、それを一〇年間で達成するため「生産・流通段階で規制と保護のあり方を見直し、市場原理・競争条件のいっそうの導入を図る政策に転換していく」としている。これが「新政策」の基本思想であるといってよい。だが、基本法農政は三〇年間になにを残し、なぜ近代化の目標に到達できなかったのか。

基本法農政＝近代化農政が生み出したひずみ

基本法は、①経営規模の拡大、②機械化、化学化、施設化による生産性向上、③単作化の大量生産、大量販売によるコスト低下——の三つを柱としていた。この近代化農業が三〇年間に残したひずみが、一つに自給率の低下であり、二つには農業の産業化、つまり機械化、化学化、施設化と、生産・流通の肥大化・広域化なのである。農薬・化学肥料漬けの土壌収奪型化学農業は、このなかで形成されたのだ。八〇年代日本農業のヘクタールあたり農薬使用量はアメリカの三・四倍、西ドイツの一・四倍であった。農家を非難すればすむという問題ではないのである。

「農業は自由貿易の論理になじまない」という主張をH・N氏は批判されるが、農業生産は、本質的に商品生産には適さないのである。とくに土地利用型農産物は商品生産として利潤効率が悪くなるからだ。農業の近代化志向、あるいは農産物の高商品化は自己矛盾でしかない。商品社会では、利潤効率の悪い農業生産は敬遠される傾向をもつ。それ以前に、資本も土地資源も人的資源も、工業へ都市へと収奪され、流出する。農業生産を海外に依存する国際分業論、あるいは労働力・土地に価格差があって、生産条件の良好な海外農業生産へ資本投資を求める傾向はこうして正当化される。

ポスト「コメ自由化」を目指して、海外での日本商社によるコメ生産の準備はすでに始まっている。ことに、新潟県と緯度が違わない地域が含まれる中国やアメリカ・カリフォルニア州、あるいはオーストラリアでも同様の気象条件があれば、うまくて安全な現地産コシヒカリが逆輸入されるまでに、いまの技術なら五、六年かければ十分であろう。もっとも、そのコメが「安全」であるのは、日本式化学農業が現地の生態系を破壊するときまでのことであるが。

この間のコメ関税化＝市場開放反対運動の論理の脆弱さや、たとえば、全中（全国農業協同組合中央会）主導＝自民党農村議員らの問題の立て方の欺瞞性はもちろん指摘されなければなるまい。この運動に欠落していたのは、なによりも、コメ関税化とこの後に提起されるであろう食管廃止との闘いが、遂行中の企業社会＝国家のリストラ全体を貫く新自由主義との闘争でもあるとの認識だったのである。

エコロジー重視型農業への政策転換を

いま、食管や補助金制度、農協への「新自由主義」側からの攻撃が熾烈である。すでに空洞化している食管や補助金、農協の改革問題を市民の側から考えるとき、たとえば、医療福祉の問題と重ね合わせて考えてみると、問題が見えてこないか。こんにちの医療福祉のあり方が医療産業の肥大化に貢献し、病院を産業化し「病人製造工場」（イヴァン・イリイチ）として、医者をも患者をも非人間的に堕落させているのではないか。つまり、農業においても補助金制度のあり方が、農業とその周辺を産業として肥大化させ、それが生産システムでの社会的浪費と腐敗の構造を作り出すことになっていないか。解決への道は、おそらく「食管を地域社会での市民（生産者と消費者）のコントロールのもとに」であろう。

新政策は、確かに中山間地域対策を書いているし、環境保全型農業を呼びかけてはいる。

だが、新政策が、国の経済構造と産業政策の現状を前提とし、農業生産においても「市場原理と競争条件の一層の導入」による産業化、大規模化を基本政策としている以上、問題が根本的に解決されることはない。そこでの「環境保全型農業」は欺瞞でしかない。

この問題の論考は別にしなければならないが、短絡して結論を言えば、わたしたちが目指すのは、農業の近代化でも、グローバル化でもない。地域社会における生活活動と生産活動との兼業・複合・家族経営化および小集落規模の共同・協同経営によるエコロジー重視型農業なのである。

［注］

1 一九八六年に始まったGATT（関税貿易一般協定）を改定するためのウルグアイ・ラウンド交渉（新多角的貿易交渉）において、GATTのアーサー・ドンケル事務局長（当時）が一九九一年一二月に発表した最終的合意案。ウルグアイ・ラウンドは、自由貿易拡大を図るものであって、関税引き下げ、農産物・天然資源の輸入規制撤廃等、アメリカ、オーストラリアなどの農産物輸出国主導で展開。アグリビジネスにおける「地球規模の規制緩和」のためのラウンドとなって交渉は難航したが、一九九四年のモロッコ・マラケシュ閣僚会議で大枠合意し妥結する。この合意に基づいて、翌九五年にWTO（世界貿易機関）が設立された。

2 下院議員への書簡「議会はウルグアイ・ラウンド〝最終合意案〟拒否を」「現代農業」一九九三年緊急増刊一二七頁、農山漁村文化協会。

3 「ニューヨークタイムズ」への意見広告「私たちの食品安全、環境保護の法律がガットで骨抜きにされる!」「現代農業」緊急増刊一三三頁、農山漁村文化協会。

4 ラルフ・ネーダー「ガット・整合化は消費者、環境、第三世界を脅かす」農山漁村文化協会「現代農業」緊急増刊九〇頁、農山漁村文化協会。

ＷＴＯを破綻の危機に追い込んだ反グローバル運動

無期限凍結されたＷＴＯの多角的貿易交渉

ＷＴＯ（世界貿易機関）の多角的貿易交渉（ドーハ・ラウンド）は、難航していた貿易自由化ルールの大枠合意をめぐる交渉が決裂し、二〇〇六年七月二四日、無期限に凍結されることとなった。ジュネーブで開催されていた米欧日など主要六カ国の閣僚会議で農業部門の対立を解消できず、八月中に予定されていた大枠合意を断念したのである。

ＷＴＯのパスカル・ラミー事務局長が全加盟国（加盟一四九カ国・地域）の会合で報告し、ラウンドの無期限中断が決まった。二〇〇一年一一月、カタール・ドーハでのＷＴＯ第四回閣僚会議で新ラウンド立ち上げを決めてから四年八カ月、今回の無期限凍結は多角的貿易交渉の破綻を意味する。

多角的貿易交渉をかねてから貿易自由化推進の立場で報道していたわが国のマスコミは、この交渉決裂を一様に「なんとも残念だ」という論調で報道した。「朝日新聞」の社説は「無期限凍結という最悪の結末となってしまった」、「戦後、多くの障害を乗り越えて前進してきた自由貿易体制が大きな挫折を味わった。何とも残念なことだ」と、嘆いた。そして「交渉のカギは米国が握っていた。農産物の輸出促進のため農家にばらまいている補助金の削減で譲れば、ＥＵや日本は関税の引き下げに応じ、ブラジルなど途上国も工業品の市場開放に踏み切る。そんな最後の期待も裏切られた」と、アメリカの強固な姿勢が交渉を不調に終らせたとして非難していた。

「毎日新聞」は「交渉が行き詰まったのは、農業保護の削減で米欧の対立が解けなかったためだ。米欧が展開している余剰農産物の補助金付輸出競争は、途上国の農業に打撃を与えている。開発ラウンドの趣旨からも、米欧は対立を解消し、農業問題の解決に努めるべきだ」と米欧の姿勢を責め、「読売新聞」もまた「米国は一一月の中間選挙を控え、国内農業補助金の削減に関する新提案を見送った。ＥＵや日本も譲歩案を示さず、打開の糸口すら見いだせないまま、交渉は凍結された」と、米欧日の対応を批判していたのである。

だが、ドーハ・ラウンドを決裂させた責任が輸出補助金の削減を拒否したアメリカにあるというのは、表面的なことにすぎない。多角的貿易交渉の凍結は、新自由主義貿易体制の破綻を意味し、多国籍資本の世界支配の砦となるはずのＷＴＯそのものが崩壊の危機に追い込まれたことを物語っている。貿易交渉を凍結せざるを得なかったのは、むしろ米欧など輸出国主導の貿易自由化ルールに対し、ＷＴＯ発足（一九九五年）後に加盟してきた第三世界の国々が結束して異議を申し立て、激しく抵抗したことに起因している。と同時に、WTO発足に先立つGATT（関税貿易一般協定）の多角的貿易交渉（ウルグアイ・ラウンド[1]＝一九八六～一九九四年）、あるいは一九九九年、アメリカ・シアトルで開催された新ラウンド立ち上げのためのWTO第三回閣僚会議から激化していた、資本の新自由主義貿易体制、グローバリゼーションに対抗する世界の民衆の闘いがWTOのグローバル権力を挫折に追い込んだともいえる。

新ラウンド立ち上げに途上国が合意拒否

一九九九年一一月、アメリカ・シアトルでWTO第三回閣僚会議が開かれた。ウルグアイ・ラウンド農業合意の実施終了時期が迫っていることから、新しい農業交渉（新ラウンド）立ち上げに加盟国の合意を取り付けるためであった。ところが当時、WTO一三五加盟国中、開発途上国はすでに一〇〇カ国近い多数を占め、新ラウンドへの影響力を増していたにもかかわらず、WTOと自由貿易推進グループが貿易ルール決定のプロセスから第三世界を排除するという不透明さが明るみになって、アジア、アフリカ、ラテンアメリカなどの途上国閣僚から合意を拒否されたのだ。

反乱が起きたのは閣僚会議の中だけではなかった。閣僚会議が開かれたワシントン州会議センター周辺では、アメリカ国内はもちろん、世界のあらゆる地域からシアトルに参集した五万人の民衆が四日間にわたって、新ラウンド立ち上げに反対して激しい抗議のデモを展開したのだ。街頭では、環境団体、農民団体、労働組合からの参加者が中心の非暴力のデモに警察の催涙ガスが浴びせられ、数百人の規模で逮捕された。こうして、閣僚会議は、内部では途上国から拒否され、外部では世界の民衆の抵抗にあって、新ラウンド立ち上げを見送らざるをえなかったのである。しかも、シアトルでの民衆の抗議行動は、直接の対象はWTOであったが、問題意識を自由貿易に限定することなく、グローバリゼーション全体に抗議の領域を広げる。第三世界の債務の帳消しキャンペーンを行っている国際的な非政府組織・ジュビリー二〇〇〇とも認識を共有し、共同行動を展開することとなる。

それでもWTOは二〇〇一年一一月、カタール・ドーハでの第四回閣僚会議で新ラウンドを立ち上げる閣僚宣言の採択に成功する。翌〇二年には本格的なドーハ・ラウンドが始まり、農業交渉もその一部に位置づけられた。このラウンドは、二〇〇三年三月末日までに農業のモダリティ（関税削減率や詳細な要件などを含めた各国共通のルール）を決め、二〇〇五年一月一日までに農業交渉を含めたラウンド全体の交渉を妥結する予定で開始されたのである。しかし、農業モダリティの合意は当初の期限までに成立せず、二〇〇三年九月一〇日から一四日までメキシコ・カンクンで開催されたWTO第五回閣僚会議でもまとまらず、宣言を採択できなかった。

カンクン会議には、中南米の途上国農民を中心に一万人が参集し、討論集会、デモなどの抗議行動を展開した。韓国からは農民ら一〇〇人、日本からは農業・消費者団体代表ら二〇人が参加していた。カンクンでの抗議デモは、シアトルでのような激しい衝突はなかったものの、韓国農民団体の前代表が抗議の焼身自殺という痛ましい犠牲者を出している。

農業交渉は、国の利害を共有するグループに区分されて展開された。①アメリカとEUは、輸出補助金を交付する農産物輸出国、②ケアンズ・グループ（カナダ、オーストラリア、アルゼンチン、ブラジルなど一八カ国、一九八九年結成）は、輸出補助金を交付しない農産物輸出国、③G20グループは、中国、インド、メキシコなど輸出志向の強い開発途上国、④G10グループ（日本、スイス、韓国など一〇カ国）は、関税の上限設定や関税割当の拡大に反対し、輸出補助金の撤廃を主張する農産物輸入国、⑤途上国グループは、先進国の国内助成、輸出補助金の撤廃と自国農業の保護等を要求するアフリカ、カリブ海、大洋州諸国——である。

課題によって、二つのグループにまたがって活動する国もあるし、また、農業が有する水資源の涵養、環境保全、地域社会の維持など多面的機能を重視して、無秩序な貿易自由化に反対する日本、EU、韓国、スイスなどは、「多面的機能フレンズ」という新しいグループを組織して展開することもあった。だが、利害を対立させるグループ間の調整は難航する。

しかも、ドーハ・ラウンドで特徴的なのは、交渉開始時のWTO加盟一四四カ国中、途上国一〇〇カ国、うち後発開発途上国（LDC）[2]が三〇カ国を占めることとなって、途上国自らへの特例措置を要求し始めたことであった。GATTのウルグアイ・ラウンド交渉時のようには、アメリカとEU、ケアンズ・グループなど輸出国主導で交渉を進展させることができなくなったのだ。途上国の多くは、それぞれの交渉分野において先進国にさらなる市場開放と輸出補助金、国内助成の大幅削減を要求した。とくに、輸出補助金、国内助成に関しては、一握りの先進国が利用しているとして、きびしく撤廃を迫ったのである。

それでも二〇〇四年七月、スイス・ジュネーブで開催したWTO一般理事会は、アメリカ、EU、ケアンズ・グループ、G10グループなどの主要国で占め、農業と非農産品市場アクセス分野での枠組み合意文書を採択し、〇五年に第六回閣僚会議の香港開催を決めた。

香港閣僚会議に韓国から一五〇〇人の阻止闘争団

二〇〇五年一二月一三〜一八日、香港で開催された第六回閣僚会議では、ジュネーブ一般理事会で採択した農業モダリティの骨格を含む枠組み合意事項を再確認し、遅くとも二〇〇六年四月末までにはモダリティを確立し、七月末までには最終合意して、一二月末までには交渉を終結させることで合意したのである。香港閣僚宣言には、途上国に配慮して、LDC原産であるすべての産品に対する無税無枠の市場アクセスを実施するという付属文書をつけていた。

この香港閣僚会議の期間中には、全世界から七〇〇〇人の民衆が参集し、激しい抗議のデモが展開された。韓国からは農民ら一五〇〇人が大挙して乗り込んだ。韓国では半年前から農民、労働者、市民団体で「香港ＷＴＯ閣僚会議阻止闘争団」を組織し準備を進めていたのだ。この闘争団には労働・市民団体などが「新自由主義世界化反対民衆行動」という共闘団を構成して参加していた。公園では抗議集会が開かれ、キャンドル集会、時限ハンストも行われた。

閣僚会議も大詰めとなった一七日夜から一八日にかけて、会場のコンベンションセンター周辺では香港警察が催涙弾を使用してデモ隊を包囲し、一一〇〇人を逮捕するという事態となった。逮捕者のうち、韓国人が九〇〇人を占めていた。このニュースは、韓国ではラジオ生放送とインターネット放送でリアルタイムに報道されていたという。韓国の社会運動は、独自の「映像・メディアセンター」を設立するなど、日常的に運動側の情報発信活動を展開しているからだ。日本人は大学教員を含む五人が逮捕された。だが、わが国の大手メディアは、このニュースをほとんど報道しなかったのである。

ドーハ・ラウンドは破綻した。予定されていた七月になっても、農業モダリティを含む枠組み合意を取り付けることは、ついにできなかったのだ。「朝日新聞」は「加盟一四九カ国・地域の市場を共通ルールのもとで開放しようという多国間の自由貿易体制が頓挫した。発展途上国も含めた貿易拡大を通じて世界経済の底上げを目指した今回ラウンドの決裂は、世界に根強く残る保護主義を勢いづかせ、富める国と貧しい国の格差拡大につながるのは確実だ」と、自由貿易体制擁護の立場で「保護主義」を批判した。

しかし、年間三〇〇億ドルに達する農業補助金を支出する農業大国・アメリカと平等互恵の貿易ができる国があるだろうか。それで「自由貿易」と言えるのか。多国籍企業支配のWTO「自由貿易」から利益を吸収するのは多国籍企業であって、消費者ではない。歴史的にも北が北でありつづけ、南が南でありつづけなければならなかった「自由貿易」とはどんなものであったのか。南北の貧富の差を拡大してきたのではないのか。「貿易自由化で途上国の発展を支えた」などとは、決して言えるものではなかったのだ。IMF（国際通貨基金）や世界銀行等々を通して、第三世界が抱える債務の現状がそのことを物語っている。先進国の近代経済発展モデルを第三世界の将来構想に押しつけることは、もはや不可能なのだ。地球の資源・環境がそれを許さない。

多角的貿易交渉は凍結となった。だが、特定の国・地域間の経済提携協定（EPA）、自由貿易協定（FTA）に関する交渉は進められている。わが国では、シンガポール、メキシコ、マレーシャとの協定がすでに発効し、さらにオーストラリアおよび韓国など、東南アジア諸国との交渉が進展している。

課題は、この貿易交渉のプロセスを国と大企業に占有させるのではなく、市民と農民グループが直接参加するシステムをつくりだすことである。そこで、貿易をグローバルにではなく、まず交易の地域化から考えることだ。食料の地域自給の確立は、地域自立の基礎だ。

農林漁業をそれぞれの地域で安定させ、その基礎の上に地域間の交易を生み育て、その延長線上に地域経済を育む対外貿易を構想することこそオルタナティヴであろう。

［注］

1　ウルグアイ・ラウンド農業交渉については「コメ輸入自由化の思想と反対運動の論理」を参照のこと。

2　後発開発途上国（ＬＤＣ）とは、国連開発計画委員会が設定した基準に基づき、国連総会の決議によって認定された後発開発途上国のこと。現在四九カ国。うち、ＷＴＯ加盟国は三〇カ国（ミヤンマー、ハイチ、セネガルなど）。

水はなぜ「不足？」するのか

過剰な水供給施設が水の商品価値を高める

水ほど循環を端的に物語るものはない。海と地上の水は蒸発して雲となり、雨や雪となって降ると川となり、やがて海に戻る。一部は蒸発し、一部は地下水ともなる。その間には、森林や沼、ときには小川のよどみで、あるいは田んぼの水として保水される。人間は長い間、この水の循環の中で、山間の急流からせせらぎまで、あるいは山間地から平野地の水田まで、ときには自然のもつ浄化機能を活かしながら、なんどもくり返し利用してきた。

ところが、近代的都市化の進展は、こうした水の循環を不可能にしてきたのである。ダムから流れ込む川のコンクリート化と遠隔地導水路、三面コンクリートの灌漑水路や下水道、一滴の水の地下への浸透をも許さないかのような都市の完全コンクリート、アスファルト舗装など、こんにちの都市的水利用は水を一回限りの使用にとどめ、あとは山村から海まで一直線に駆け下らせることにしてしまった。水路と都市の全面コンクリート化は水の循環を断ち、地下水を枯渇させるだけでなく、土壌による水の浄化を不可能にし、川や湖沼や海を汚染している。

福岡市の水対策をみたとき、自然のもつ保水力も地下水の涵養力も、近代化、合理化の名のもとに自ら奪っておきながら、安全な水資源をより上流にのみ求めているようにみえる。しかし、その方策は、やがて行き詰まることになる。水は循環する資源だが、同時に限界ある地域資源であり、無限にアクセス可能というものではない。とくに日本の降水量は多いといっても、ほとんどの河川は流路延長が短く、水の利用条件はよくない。『限界を超えて』のシミュレーション・グラフは地球上のアクセス可能な年間安定流水量を、陸地を流れる総淡水量の約六分の一にあたる七〇〇〇立方キロとみている。[1] 人類がたとえダムを建設して給水量を今世紀中に三〇〇〇立方キロ増やしえたとしても、それとほぼ同量の水が汚染のため使用不能になると予測しているのだ。

では、福岡都市圏域は、一級河川を持たず、水の利用条件が良くないなかで、これまでどのようにして水資源を確保してきたのかを見てみよう。福岡市は現在、福岡地区水道企業団(九市一〇町で構成、計画給水人口二三七万人、取水割合二五・九%)、ダム八カ所(同三六・三%)、近郊河川(同二七・八%)の三つの水源から受水してまかなっている。福岡地区水道企業団からは、筑後川の筑後大堰から延長二五キロ導水して日量一三万九八〇〇立方メートルを受水、鳴淵《なるぶち》ダムから同九八〇〇立方メートル、それに海水淡水化施設から生産能力日量五万立方メートルのうち一万六四〇〇立方メートルの合計一六万六〇〇〇立方メートルを受水している。市近郊のダムからは、曲淵《まがりぶち》ダム、南畑《みなみはた》ダム、久原《くばら》ダム、江川ダム、脊振《せぶり》ダム、瑞梅寺《ずいばいじ》ダム、長谷《ながたに》ダム、猪野《いの》ダムの八カ所から合計日量四〇万四五〇〇立方メートル、市内を流れる多々良川、三笠川、室見川などの中小河川からも需要の三〇%近い水量を取水している。福岡都市圏三水源からの受水、取水量は総計七六万四五〇〇立方メートルとなる。

しかし、福岡市は、本当にそれだけの水資源が必要だったのか。福岡市の水道統計では、一九九五年の給水人口一二五万九五〇〇人で年間給水量一億三九七五万立方メートル（一日平均給水量三八万立方メートル）から九六年の給水人口一二七万三四〇〇人で一億四五五三万立方メートル（同四〇万立方メートル）に増えて以降、二〇〇四年の給水人口一三七万五〇〇〇人で一億四六七七万立方メートル（同四〇万立方メートル）までほとんど増えていない。むしろ、そのうちの四年は一億五〇〇〇万立方メートル以内にとどまっていた。一人一日平均給水量は、逆に一九九五年の三〇三リットルから二〇〇四年の二九二リットルに減っているのである。

福岡都市圏は、一九七八年と一九九四年の二度、給水制限が実施された渇水を経験している。ところが、その後も、一九九五年には長谷ダム（総貯水容量四九二万立方メートル）、二〇〇一年には猪野ダム（同五一一万立方メートル）、二〇〇二年には鳴淵ダム（同四四〇万立方メートル）を完成し、さらにまだ五ケ山ダム（那珂川町、同四〇二〇万立方メートル）、大山ダム（大分県日田市、同一九六〇万立方メートル）を建設中である。とくに圏域最大の貯水容量となる五ケ山ダム（施工主体・福岡県）は、八五〇億円と一九年の歳月をかけて建設中で、完成後は福岡地区企業団を通じ都市圏に日量一万立方メートルを供給、福岡市は同三二〇〇立方メートルを受水する計画だ。また、大山ダムの完成後、福岡市は同企業団を通じ一万三二〇〇立方メートルを受水することになっている。これが実現すれば、福岡市が受水する水源の全施設能力は日量七八万九〇〇立方メートルの巨大規模となる。

福岡市は五ケ山ダム、大山ダムからの受水計画を渇水対策だと説明している。しかし、渇水対策にダムは果たして有効なのかどうか。二度の渇水体験では、水資源涵養機能としての森林整備をともなわない、単に貯水機能だけのダムではほとんど役に立たないことを学んだはずではなかったのか。ところが、市の新基本計画では、二〇二〇年目標に一日最大給水量六二万一〇〇〇立方メートル（予測人口一四三万人）、施設能力七八万九〇〇立方メートルを予測しているのである。二〇〇四年の一日最大給水量四五万立方メートルであるのに、なぜ一六年後には六二万立方メートルの需要を予測するのか。ここに市の過剰な水の需要見積りを見ることができる。開発投資が自己目的化されているからといわざるをえない。

福岡地区水道企業団は、鳴淵ダム建設に加えて、東区奈多に海水淡水化施設を建設し、二〇〇五年六月から供給を始めた。このプラントの造水規模は日量五万立方メートルで、総事業費四八三億円、うち国二〇四億円、県三四億円、市七五億円の負担である。沖縄の淡水化施設と同じ「逆浸透法」と呼ばれる装置で、淡水回収率は六〇％に高めているという。だが、逆浸透法設備は、ＵＦ膜（限外濾過《ろか》膜）と高圧逆浸透膜（脱塩装置）という二つの高額の濾過膜を交換しなければならない。しかも、逆浸透法ではミネラル分が減るので、それを補うため混合施設二カ所で陸水とブレンドして送水する。海水淡水化の造水コスト（ランニングコストの半分は電力費）は高くつく。

市は、海水淡水化施設を「一〇年に一度の渇水に備えるもの」と説明するが、このプラントはいったん稼働を始めたらたびたび止められるものではない。渇水になろうとなるまいと、常時運転を続けなければならないのだ。現在は日量三万立方メートルで稼働していて、うち一六万六〇〇〇立方メートルが福岡市への配分水量となっている。市は、水道企業団からの受水のうち、海水淡水化施設からの受水原価は一立方メートル二一一円、筑後大堰からの導水原価は一五七円と説明している。しかし、市の通常の給水原価は二二四円で、うち取水原価は一二五円と試算しているので、企業団からの受水価格が、市独自に近郊のダムや河川から導入している取水原価に比べていかに高くついているかが分かる。

こうして、水をいっそう商品化するシステムがつくられ、市民は高い高い水を使わされるわけだ。その高い水にはもちろん、ゼネコン、金融、官僚、政治家の利権の構図が映し出されているだろう。しかも福岡市の場合、これまでの水源開発事業資金の多くを起債（借金）でまかなってきたため、その利息だけでも八七億円（一九九五年度）から五五億円（二〇〇五年度）が毎年支払われている。市水道事業の借入金残高は二〇〇五年度で一六六〇億円に達しているのである。

地域の水資源のなかで暮らす

水は地域資源である。地球規模のものでもなければ、際限なく広域に利水できるというものでもない。自然条件を度外視して、取水の限界量を引き上げようとすれば、巨大ダムや大堰、遠隔導水路、海水の淡水化施設などに巨額の資金を投じなければならないし、それは一方では水の商品性をいっそう高めながら、他方では新たな汚染と環境破壊を引き起こすという悪循環の泥沼に入り込むことになる。

福岡県、北九州市と福岡市は二〇〇六年度、地震などの大規模災害時に備えて、福岡都市圏と北九州市をつなぐ北部福岡緊急連絡管事業を計画している。福岡市下原配水場と北九州市本状浄水場を結ぶ延長五〇キロの送水管を整備し、緊急時には日量最大五万立方メートルの水道水を相互に融通し合うのだという。総額一八九億円の事業だ。これもまた、危機管理の名目で水の商品価値をより高めることとなる。

福岡県内の水利用配分率は農業用水七一％、都市用水二九％で、都市用水のうち九％が工業用水、二〇％が生活用水である。生活用水二〇％のうち家庭用水と都市活動用水の配分比は手元に資料がなく分からない。ただ、福岡市の場合、この生活用水の内訳は家事用水六八

％、家事以外の用水三一％、公衆浴場その他一％と区分されている。

そこで、県が考えているのは、利水の七一％を占める農業用水を減量して、都市用水に転用しようということだ。そのために用水路の三面コンクリート化をより徹底し、灌漑用水を「合理化」しようという意見さえ出ていた。

こうした着想は目新しいことではない。福岡市は一九九五年、市内の稲作を一部中止し灌漑用水への配分を減量している。また、かつて筑後大堰とセットで施工された筑後川下流土地改良事業も同じ着想である。この事業は、筑後川下流地域に広がるクリークを埋め立てて土地改良事業を行い、そのさい、これまでクリークで伝統的に行われていた地域独特のアオ取水[2]という慣行水利権を廃止し、それに替わる灌漑用水を分配するというものだった。この計画は、慣行的アオ取水やクリークによる水利を不経済、非効率ときめつけて止めさせ、そこで新たに「開発」された水を都市上水用に収奪することが目的だったのである。

しかし、この地域の慣行的アオ取水は不経済でも非効率でもなく、むしろ先人の見事な知恵というべきものであるし、クリークは豊かな灌漑用水としてだけでなく、地下水の涵養、排水や洪水の調整、魚貝類資源の宝庫など多様な機能を持ちながら、なによりも地域の人びとにとっての欠かせない生活空間を提供していたのだ。クリークの埋め立ては、エコロジー破壊の典型である。

森林や水田が持つ水資源涵養機能や洪水調整機能についてはよくいわれることだが、森林は日本全土で二三〇〇億立方メートル（全国のダム有効貯水量の一二倍に当たる）、水田は五六〇億立方メートルの保水能力を持つとされている。水田は一時的に雨を貯留する有効貯水容量だけでも七六億立方メートルに達し、これは全国の洪水調整ダム総量の四倍の能力だとされている。また、水田はおよそ五〇〇億立方メートルの灌漑用水を使うが、一部は深層地下水となるし、その量は九八億立方メートルと試算されている。こうして農業用水は、本来は基本的な地域資源としての性格を持っているのである。

人類はもともと山間地から海岸線まで、水辺の周辺で水を共同で複合利用しながら暮らしを営んできた。ところが、こんにちの都市文明は水を単機能の用水とし、循環を断ち切りながら、人びとの共同用水の場をも奪ってきたのである。したがって、都市の「水不足」の解決は、水の涵養システムを可能なかぎり回復することが先決なのだ。つまり、アスファルトの完全舗装や完全コンクリート排水路、あるいは排水処理するだけの下水道設備を見直して、自然な河川・小川を復元することで土壌の浄化・貯水能力を取り戻し、水涵養サイクルの中に導入することである。さらに森や水田、あるいはクリークや遊水池を都市周辺、あるいは都市の中にすら設置することだ。そうすれば、都市の地下水涵養能力はずっと増大するだろう。

また、雨水の利用はもっと重要視されてよい。これらの自然の水涵養システムを回復しながら、たとえばオフィスビルやホテルでは使用した上水を処理して、雑用水として再利用するような手法を取り入れることも考えられる。そして、深層地下水は飲用、雨水は風呂や洗濯、再生水はトイレや遣り水にというように用途別に利水する。しかし、この場合、考慮しなければならないのは、このシステムを都市用水の絶対量の抑制＝節水につなげていくことだ。

水は限りある地域資源である。福岡市はすでに自然の循環の限界を超えた水量を利用しているのかも知れないのである。都市の水大量消費型の高層ビルや高層ホテルの建設を制限するなど利水の絶対量を抑制し、水の循環を回復する街づくりをすること、そのなかで水の商品性をできるだけゼロに近づけること、そして、人間のくらし方を、自然の水環境の範囲に可能なかぎり止めることこそが「水不足」の根源的解決への道だと考える。

［注］

1　（前掲）『限界を超えて』六八頁。

2　有明海の満潮時、筑後川の淡水（アオと呼ぶ）は比重が重い潮の上に乗って、河口から二五キロ地点まで遡流してくる。そこで、筑後川下流両域に広がるクリーク地帯では、その淡水を水位の高い枝川から堰を通してクリークに流れ込ませ、農業用水や生活用水として利用する慣行があった。

Ⅲ　脱ダイオキシン汚染・脱浪費社会

有明海の魚介類は「安全」というまやかし「風評被害」恐れてダイオキシン汚染隠し

大牟田川からダイオキシン三九万ピコグラムの油玉

福岡県大牟田市から有明海に流れ込む大牟田川のダイオキシン高濃度汚染が二〇〇〇年八月、明らかにされた。ところが、福岡県はその後の一年三カ月の間「公害専門委員大牟田川ダイオキシン対策会議」を設置して対策に取り組んできたとはいうものの、大牟田川周辺の汚染除去対策はいっこうに進んでいなかった。わたしたち環境市民団体はこの間、汚染の原因調査と汚染除去を早期に実施するよう県に要請してきたが、「汚染の状況と原因の把握に取り組んでいる」というのが県環境部の回答であった。

二〇〇一年三月二八日、わたしたちが県環境部と三回目の交渉を行ったときのことである。県は、二〇〇〇年一〇月に開いた第二回対策会議で大牟田川の河床六カ所でボーリング調査することを決めていたにもかかわらず、その調査が実施されないで、そのために、以降の対策会議を開催する予定すら組めないでいることを明かした。しかし、交渉にあたった県環境部環境保全課の担当者は、なぜ実施できないのか、その理由を語ろうとしない。わずかに、問題は現地大牟田にあること、だが、汚染の原因企業である三井化学大牟田工場に理由があるのではないことを、口ごもりながら漏らしたのである。だが、その理由は後日、大牟田市が明らかにした。五月二日、大牟田市役所で開かれた市民団体との意見交換の場で、環境部職員が市民の質問に答えて語ったのだ。

「風評被害の恐れがあること、川が汚染される恐れがあることを理由に、大牟田漁協がボーリング調査を了解しないからです」

大牟田漁協は大牟田川河口の港湾区域に拠点をもつ漁業協同組合で、有明海漁業協同組合連合会（荒牧巧会長、二六組合）加盟漁協の一つである。

「風評被害」とは、ありもしないデマを流されていわれのない被害を受けることであろう。だとすれば、汚染の実態を調査することがなぜデマに結びつくのか。デマを恐れて汚染の事実を隠蔽するのであれば、実態を知らされることなく汚染の中で生活することになる市民の人権はどうなるのか。こんな不条理が許されるわけがない。市民に事実を知らせないことが疑心暗鬼を生み、「風評」を育てるのである。

環境中のダイオキシン濃度が基準値を超えたからといって、明日からでも健康がどうなるということではもちろんない。必要なのは、「予防原則」に立っての汚染対策を急ぐことだ。そして、汚染の事実を市民から隠すことからは、どんな改善策も生まれてこないことは確かなのである。

しかし、「風評」を恐れて臭いものにフタをしようとする漁協幹部の対応だけに問題があるのではない。このまやかしの舞台は、二〇〇〇年八月、県が大牟田川と有明海のダイオキシン汚染を公表したときにすでに県によって仕掛けられていたのである。

環境庁（現・環境省）と福岡県は二〇〇〇年八月二五日、大牟田川中流域から高濃度のダイオキシン[1]が検出されたことを公表した。環境庁と県は同年四月二一日および五月一八日から二五日にかけて、有明海域河口部周辺と大牟田川の水質、底質および魚介類の検体をそれぞれに採取して検査している。この調査は、環境庁がまとめた「平成一一年度公共用水域等のダイオキシン類調査」で有明海の大和干拓沖三キロ付近の海水から水質基準値一リットルあたり一ピコグラム（pg）を超える二・四ピコグラム、底質から一グラムあたり一四ピコグラムが検出されたことなどから、県と共同して追跡調査を行ったものとされている。水質再調査は、有明海に流れ込む諏訪川から大牟田川、堂面川、矢部川、沖端川までの河口部と沖合の合計二二地点で行われ、濃度範囲〇・〇七九～一・一で、大和干拓沖一カ所を除いて全て基準値以下であった。大和干拓沖の一・一は、再度の調査で〇・五〇に下がっていた。

有明海域の魚介類のダイオキシン濃度（pg／g）は、環境庁一一年度調査では大和干拓沖のガザミ三・五、コノシロ三・二、アサリ〇・六四、コウライアカシタビラメ〇・六〇、イイダコ〇・五三、クルマエビ〇・四二。県が調査した有明海産魚はアカエイ三・〇、ボラ一・二、シバエビ〇・六八、サルボウ〇・六五、アサリ〇・四六、タイラギ〇・〇三五で、海苔は〇・一七であった。

だが、大牟田川での調査結果は、汚染の様相を一変させる。大牟田川の港湾区域から中流域にかけて採取した一〇カ所の水質検体からは、〇・二一から九三という高濃度を検出、うち八カ所で基準値を超えていたのだ。底質は二カ所で、四六、三一〇の高濃度であった。そこで、県は六月二七日、中流域一二カ所で再調査を実施する。その結果、九カ所で基準値を超え、うち四カ所では一八、三七、五一、七九と二ケタの数値が出て、最高は三五〇だった。基準値以下だったのは、わずかに三カ所である。しかも、のちに発生源であることが分かった三井化学大牟田工場近くの三面コンクリート張り川底の継ぎ目から滲出していた油玉から、一グラムあたり三九万ピコグラムの超高濃度を検出したのである。驚くべきダイオキシン公害である。

県は、この調査結果を環境庁の全国調査結果発表にあわせて、八月二五日に公表した。ところが、その公表のさい、有明海域のダイオキシン濃度が基準値以下となっていたことから、大牟田川で検出されたダイオキシンが「有明海におよぼす影響については問題ないと考える」とのコメントをつけた。魚介類については「全国平均値と比べて低いレベルにあり、特に健康に影響はないと考えられる」と発表したのである。汚染化学物質の検査も発生源の調査も、漏出原因や汚染経路の調査もまだ行われていないときにだ。しかも、県は、三日後の二八日には、有明海漁連の組合長会議の席で「有明海の魚介類の安全性に問題はない」と改めて安全を強調したのである。

大牟田川の調査結果は、この川のダイオキシン汚染がただならない濃度であることを明らかにした。福岡県は、調査結果を発表したその日にも、油玉が滲出していた川底のコンクリートのすき間に目地材を注入して埋める補修工事に取りかかっている。翌日には、中流域沿いにある三井化学大牟田工場と三井金属鉱業TKR事業部大牟田工場、三西容器製作の三工場に立入検査を実施していた。

そして、三日後の二八日、三井化学工場大牟田工場の幹部二人が県庁を訪れ、同社の独自調査で工場内の土壌から基準値以上のダイオキシンを検出していながら、県に報告していなかったことを謝罪し、説明している。

同工場は、一九九九年一一月に二カ所、ダイオキシン類対策特別措置法施行後の二〇〇〇年四月に一八カ所、敷地内の土壌汚染を調査していた。その結果、うち二カ所で一一〇〇、一三〇〇と土壌基準値一〇〇〇ピコグラムを超えていたのだ。同社は一九九四年に除草剤CNP（クロロニトロフェン）の製造を中止している。しかし、その後全国から回収した八三五〇トンを敷地内に野積み状態で保管していたことから、一九九九年七月には、ずさんな管理を指摘されて問題になったことがある。

写真１　船舶が係留されている河口近くの底質はヘドロに近い。

三井化学には、除草剤ＣＮＰ、ＰＣＰ（ペンタクロロフェノール）の汚染では「前科」がある。一九六〇年代、当時の三井東圧化学の三西化学農薬製剤工場（福岡県久留米市荒木町）は、ＣＮＰ、ＰＣＰ、ＢＨＣ（ヘキサクロロシクロヘキサン）などの有機塩素系農薬の生産過程で、工場周辺に大気汚染や排水路、地下水汚染を引き起こし、一九七三年には健康被害をうけた周辺住民一家から損害賠償と工場の操業停止を求める訴訟を起こされているのだ[2]。

この裁判で福岡地裁は一九九一年、工場がすでに操業を停止していたことから、操業停止の判断は避け、損害賠償請求を棄却した。県の行政責任も問われなかった。高裁、最高裁まで争ったが、九九年二月、最高裁は上告を棄却している。しかし、この

写真２　三井化学工場の側壁の割れ目からどんな化学物質が流れ出していたのか？

裁判中、当時の愛媛大学・立川涼研究室の分析で、ＣＮＰとＰＣＰにはダイオキシンが含まれていることが明らかになっていたのである。

有明海魚介類の「安全宣言」に根拠はない

現地大牟田川沿いを河口に近い港湾区域から中流域までを歩く。船舶群が係留されている港湾区域の底質はほとんどヘドロ状態に近づいていることが分かる（写真１）。

係留域を過ぎると急に川幅は狭くなり、幅五、六メートルほどの三面コンクリートとなる。水の流れは少なく、汚れで泡立っているところすら見える。三井金属鉱業と三西容器製作、三井化学の工場が立ち並ぶ付近では、ところどころ、排水溝からの流入口や壁面の割れ目から流れ出た汚水がコ

写真３　大牟田川の三面コンクリートには不気味な七色の汚染跡がこびりついていた。

ンクリートを緑や赤茶けた色に染めている（写真2）。

さらに上流では、三井化学工場側の古びた壁から川の流れにかけて、まるで絵具を流したような跡が七色にこびりついている。（写真3）これはもう、生きた河川というものではない。「工場排水溝」でしかないという思いが過ぎる。

わたしたち「ダイオキシン九州ネットワーク」[3]は大牟田市の市民団体と連携し、九月に入るとすぐ、県に質問と要請の文書を提出した。質問と要請は、汚染の原因究明はもちろん、地域全体の河川、土壌、地下水の浄化対策など一六項目にわたっていた。なかでも、県がいち早く有明海域のダイオキシン汚染に「問題ないと考える」と説明し、魚介類の汚染についても「特に健康に影響はないと考えられる」とする「安全宣言」を発表した、その根拠を示すよう求めたのである。九月一三日、県の回答が出て、環境部と初めての交渉をもった。

――有明海の大牟田川河口部のダイオキシン類汚染濃度に「問題はない」としている根拠は？

「河口部周辺四地点の測定結果は、いずれも環境基準を下回っています。底質には、環境基準が設定されていませんが、他県の底質と比較して高濃度と考えていません」

――有明海の魚介類が「特に健康に影響はないと考えた」その根拠は？

「全国の魚介類に係るダイオキシン類と比較したところ、これを下回っていることを確認したものです」

――河川の浄化にとどまらず、この地域全体の土壌、地下水の汚染浄化を含む抜本的対策を急ぐ必要がある。この区域を、ダイオキシン類対策特別措置法に基づく「土壌汚染対策地域」に指定する考えはあるか？

「専門家の意見を聞きながら、今後、対策を検討することとしております」

こんな質疑が続いた。有明海の底質からは、大和干拓沖三キロ付近で一四ピコグラムが検出されている。にもかかわらず「他県の底質に比較して高濃度と考えていない」、「全国の魚介類のダイオキシン類濃度と比較して、下回っていることを確認したもの」といった県の回答は全くの欺瞞である。有明海の安全性の根拠を示すものはない。しかも、わたしたちの対策要請に対しては、ほとんど「今後、対策を検討していく」という無責任なもので、具体的施策はなかったのである。

底質ワースト四は洞海湾、東京湾、大阪湾、有明海

環境庁の前記平成一一年度ダイオキシン類調査は、河川、海域、湖沼および地下水で、公共用水域水質、地下水質、公共用水域底質、水生生物の四媒体について全国調査したものである。この調査結果を見ると、日本の河川、湖沼、湾岸とそこに生きる魚介類が、予想していた以上の濃度でダイオキシンに汚染されているのを知らされる。

底質の調査結果を見る。底質は、水域でのダイオキシンをストックする媒体として汚染状況を知るのには最適だからである。調査は全国五四二地点で行われ、濃度範囲〇・〇六六〜二三〇、平均値五・四ピコグラムである。最高値二三〇は倉敷川下灘橋地点である。河川、湖沼は、埼玉県古綾瀬川松江新橋一二〇、大阪府神崎川新三国橋五一、横浜市大岡川清水橋四七、東京都神田川柳橋四一、長野県諏訪湖湖心三三、茨城県涸沼宮前三一など比較的に汚染濃度が高いところが多く、これらの高濃度汚染が底質の平均値を押し上げていることが分かる。全調査地点の七〇%を占める三七七地点は四ピコグラム以下となっていた。

海域で底質の濃度がもっとも高いのは、北九州市の洞海湾奥洞海四八。ついで東京湾が千葉県海域の三地点で四〇、三九、三八、東京都海域の九地点で多摩川河口沖四〇、東京灯標

際三五、同灯標東側三三など軒並み二ケタ以上の数値。ついで大阪湾が堺泉北港沖二九、堺港沖二三、泉大津沖二〇、尼崎港沖二〇など七地点で一〇以上の数値で汚染されている。

では、有明海はどうか。三地点で測定され、大和干拓沖一四、佐賀空港沖一七、沖の島近海二一という数値であった。大阪湾に次ぐ濃度の汚染である。ただ、この底質汚染が、大和干拓沖から佐賀空港沖にかけての矢部川、筑後川河口に近い海域であることは、大牟田川汚染とはまた別の汚染要因があることを物語っていよう。

九州・沖縄八県の海域の底質調査は五四地点で行われている。そのうち二二地点は一ピコグラム以下で、一〇を超えたのは五地点である。前記三地点のほか、大分県周防灘東側一一、熊本県不知火海の松合漁港一三で、八県の海域底質ワースト三はいずれも有明海域となっている。県は、有明海の底質濃度をどこと比較して「他県の底質と比較して高濃度とは考えていない」というのであろうか。東京湾東京都海域の汚染濃度と比較してのことであれば、明らかに県の発表はウソになる。多摩川河口沖、東京灯標沖などの海域は、すでに比較の対象にならないほどに汚染がすすんでいるからである。

底質の環境基準は、底質と水生生物の間の定量的な関係を導くには測定データが不足しているとの理由で設定されていない。しかし、特別措置法に基づく水質環境基準等を審議した中央環境審議会は「底質がダイオキシン類のストック媒体であることを考慮すると、底質の環境基準の設定は緊要な課題である」と答申[4]していたのだ。県は「基準値がないから底質調査はしない」とか、調査もせずに「問題はない」とか、無責任な強弁を繰り返している場合ではない。そのことは、魚介類の汚染調査結果が明らかにしてくれる。

魚介類汚染は「問題ない」レベルではない！

魚介類調査は二八三二検体について行われ、濃度範囲は〇・〇三二～三三、平均値一・四ピコグラムであった。だが、平均値が一・四だからといって「特に健康に影響はない」といえば、それはウソになる。

魚介類のなかでダイオキシン濃度が平均して高いのは、大都市の河川および河口域の魚類である。極端な事例では、神田川のサッパ二八、引地川のコイ二五、利根大堰のウナギ二五、神崎川のボラ二二、淀川のコノシロ一九などが目立っている。しかし、最高値は東京湾多摩川河口のマアナゴ三三である。東京湾では他に、コトヒキ二七、ウグイ一六、スズキ一五、サッパ一四、マゴチ一四など東京都海域の魚の濃度が目立って高い。

では、この濃度はなにを示しているのか。つまり、これらの魚介類を食べると、人はどれだけダイオキシン類を体内に取り込むことになるのかである。たとえば、体重五〇キロの人が、濃度一グラムあたり一五ピコグラムのサッパ一〇〇グラムを食べたとすると、ダイオキシン摂取量は一五〇〇ピコグラムで、体重一キロあたり三〇ピコグラムになる。わが国のＴＤＩ（耐容一日摂取量）体重一キロあたり四ピコグラムの七・五倍である。濃度一〇ピコグラムのマハゼの場合でも体重一キロあたり二〇ピコグラムで、ＴＤＩの五倍になる。最高値のマアナゴ三三の場合は、ＴＤＩの一六倍を超えて体内に取り込むことになるのだ。

大阪湾では、堺港沖のソウダカツオ属の一七、泉大津港沖のクロダイ一一、マサバ九・五、関西空港連絡橋付近のコノシロ八・八、尾崎港沖のクロダイ一〇、コノシロ一〇、マアジ八・四、タチウオ八・一などの濃度が高い。

有明海では、環境庁と県が調査した魚介一二種類を合わせた平均濃度は一・二四ピコグラムである。確かに全国平均濃度を下回っていることになる。しかし、そのことは、有明海の魚介類が安全であることの根拠にはならない。理由の一つは、わたしたちは平均値で汚染された魚介類を食べているわけではないからだ。

有明海域の魚介類一二種類のうち汚染濃度が高いのは、ガザミ三・五、コノシロ三・二、アカエイ三・〇である。体重五〇キロの人が汚染濃度一グラムあたり三・〇ピコグラムのアカエイを一〇〇グラム食べると、摂取量は体重一キロあたり六ピコグラムになる。ＴＤＩの一・五倍の数値だ。無条件に「安全」と言える濃度ではない。

県は、それでも「特に健康に影響はない」というのであれば、一九九八年に最大耐容一日摂取量四ピコグラム、究極目標一ピコグラムを設定したＷＨＯ（世界保健機構）専門家会合に対し異議を申し立てなければならない。ところが、ＷＨＯはすでに、二〇〇三年にはＴＤＩ一ピコグラムに改正する方針を固めたとの情報もある。そうなると、シバエビ、サルボウ、アサリの汚染レベルでも一〇〇グラムの摂食でTDIを超えることになる。
もっとも、EPA（米国環境保護庁）の魚類摂取警報指針では、〇・三〇～〇・六〇濃度の魚類は月一回しか食べられない。〇・六〇～一・二まではニカ月に一回しか食べられない。一・二を超える魚類は食べてはいけないという指針である。EPAは、WHOの耐容一日摂取量ではなく、ダイオキシンを発がん物質として「いき値なし」[5]の立場で設定した実質安全量（VSD）を基準としているから厳しいのだ。つまり、EPAの摂取警報指針では、日本の内海漁・沿岸漁の三〇%ほどは食べてはいけないことになる。有明海のアサリやサルボウ、シバエビ、イイダコの汚染レベルでも、月に一回しか食べられないのである。

　前記した中央環境審議会答申は、水質環境基準値の設定にあたって、日本人の魚介類摂食重量を厚生省データから一日平均一〇〇グラム、多食する人でもその一・五倍とし、そのうち外海漁が四分の三、内海漁が四分の一を占めていると想定している。しかし、問題は、地域でも、あるいは個々の家庭でも、それぞれに食べる魚介の種類も量も違うということである。外海漁、内海漁の割合も違うだろうし、漁業者や漁港関係者で魚介類を多食する人たちは、一日わずか一五〇グラムしか食べないということはないだろう。だからこそ、審議会答申も「個人的なレベルでは、より極端な摂取の隔たりもあり得ることについて留意する必要がある」と付記しているのである。

　それでも福岡県が、有明海のダイオキシン汚染に「問題はない」、魚介類の汚染は「特に健康に影響はない」と発表したのは、漁協関係者の顔色をうかがいながらのまやかしの発言だったのだ。有明海域水質のダイオキシン類濃度は、環境庁の八地点調査で〇・〇七九～〇・三五の範囲で検出している。県の八地点調査（七月三日に海域一地点を追加調査）でも〇・一一～一・一ピコグラムを検出している。とくに環境庁一一年度調査は二・四ピコグラムという異常な高濃度だったのである。

平成一一年度の公共用水域水質調査は、全国五六八地点で実施され、濃度範囲〇・〇五四～一四で、平均値は〇・二四である。汚染濃度が高いのは河川で、なかでも、福島県逢瀬川・阿武隈川合流前一四、神奈川県引地川富士見橋一三などは最高値であった。しかし、これは、海域の汚染濃度が低いことを物語るものではない。にもかかわらず、県が、有明海域一六調査地点のうち九地点で平均濃度〇・二四を上回っていながら「問題ない」というのは明らかに欺瞞である。むしろ、河口部調査では、七地点全てでこの平均濃度を超えていて、堂面川河口〇・七四、矢部川河口〇・七六などは汚染を警告しているといってよい。二年後、ＴＤＩ一ピコグラムに改訂されるようなことがあれば、わが国でも、要求される水質基準値はもっと厳しくなる。アメリカの水質基準値は現在、ＥＰＡが設定した基準に基づいて各州の裁量に委ねられているが、ＥＰＡの基準は二、三、七、八―ＴＣＤＤ[6]で〇・〇一三ピコグラムだ。わが国基準値のおよそ一〇〇分の一である。

汚染源は三井化学のクロロベンゼン製造施設

福岡県は大牟田川汚染問題の対策を協議するため、県公害専門委員の中の八人で構成する「公害専門委員大牟田川ダイオキシン対策会議」を設置し、二〇〇〇年九月一四日、その第一回対策会議を開いて、立入調査の結果などを検討している。三九万ピコグラムを検出した油玉の成分分析では、クロロベンゼン類、多環芳香族炭化水素、PCP、BHCなどが含まれていて、ダイオキシン類、PCB（ポリ塩化ビフェニール）を検出していた。PCBの濃度は一グラムあたり一・四ミリグラムであったと報告している。

県は、それでも「三井化学工場のクロロベンゼン製造工場からの漏出は現在認められない。回収した農薬（CNP、PCP、二、四、五—T）の保管は適正に行われていた」との調査結果を発表した。三井金属鉱業と三西容器製作の両社には「河川の汚染と関連するような行為はなかった」という結論であった。

この調査結果は、一〇月二五日に開催された第二回対策会議でさらに詳細に報告される。大牟田川の目地補修工事を終えたあとの九月八日の再調査では、最初の調査で三五〇ピコグラムを検出した地点は一・二ピコグラムに、三九ピコグラムの地点は一・七ピコグラムに、九三ピコグラムだった地点は三・三ピコグラムに、それぞれ大幅に減少していたことから「川床から滲出した油玉が中流域の高濃度汚染の主な原因であることが確認できた」と報告している。

ダイオキシン類の主な汚染源は、三井化学大牟田工場のクロロベンゼン製造・使用施設であることが明確になった。クロロベンゼンの製造工程でベンゼンと塩素が反応しダイオキシン類が非意図的に生成され、これが分留等の操作過程で濃縮されたという説明である。県の検査では、ODCB（オルトジクロロベンゼン）粗製品から一グラムあたり六七、〇〇〇ピコグラムのダイオキシン類が検出されている。工場側の六月の自主検査では、ODCB蒸留残滓から一〇〇万ピコグラム（一マイクログラム）[7]が検出されている。このときの検査では、クロロベンゼン製造工程でのプロセス排水から五六〇ピコグラムが測定されていたのだ。

土壌調査は、工場側検査が一九九九年一一月と二〇〇〇年四月の二度にわたって二〇カ所行われていたことは前に述べたが、気になるのが工場敷地内のCNP保管場横二カ所で、コプラナーPCBを含まない測定値で土壌一グラムあたり五〇〇ピコグラム、五三〇ピコグラムが検出されていることである。今回の立入検査では七カ所で実施されている。この検査では、一カ所を除いて、二八〇、七七〇、八九〇、一〇〇〇、三六〇〇、四六〇〇ピコグラムといずれも高濃度で、とくに三六〇〇ピコグラムは汚染土壌保管庫近くで、四六〇〇ピコグラムは大牟田川沿いの工場境界で検出されている。わが国の土壌基準値一〇〇〇ピコグラムの四倍を超える高濃度汚染であった。

注目されるのが地下水の検査結果である。県の立入調査では、工場内大牟田川沿い境界にある二カ所の井戸水から一リットルあたり二・五ピコグラム、八・三ピコグラムが検出され、いずれも基準値一ピコグラムを大幅に超えている。立入調査前の七月時点での工場側検査では、やはり大牟田川沿い境界地点の井戸水からコプラナーPCBを含まない、ダイオキシンとジベンゾフランの合計数値だけで三三ピコグラム、三〇ピコグラムの高濃度をそれぞれ検出していたのだ。

これらの調査結果を受けて、第二回対策会議は、川床部の油分に汚染された範囲を把握するために、川床部六カ所をボーリングして地質等の状況調査を行い、地質中のダイオキシン類調査を行うことを決めた。分析項目はダイオキシン類、PCB、クロロベンゼン類、PCP、多環芳香族炭化水素の五項目である。

発生源がクロロベンゼンの製造工程にあることが明らかになった。その汚染がどこからか漏出し、地下水の流れで川底に蓄積されたところまで想定できる。工場敷地内の地下水も土壌も汚染されていることが分かった。そして、近くの川底に汚染が蓄積されていれば、その間をつなぐ地下水や土壌が汚染されていないことはない。しかし、県はなぜか、調査範囲を川底に限定したのである。

一一月七日、わたしたちは、改めて県に二回目の要請書を提出した。要請の中心は、①三井化学工場周辺と大牟田川中流域周辺の汚染地域を特別措置法に基づく「土壌汚染対策地域」に指定し、汚染の除去に取り組むこと、②クロロベンゼン製造工程でのダイオキシン類の生成がないことを確認できるまで製造を中止させること、③工場従業員と周辺住民の健康調査

（血液中ダイオキシン調査など）を実施すること、の三項目である。一一月三〇日、環境部との交渉をもった。

――なぜ、汚染地域を「土壌汚染対策地域」に指定して汚染除去に取り組まないのか？

「工場敷地内を土壌対策地域とすることはできません」

――汚染されているのは、工場敷地だけではない。

「民有地を調査することはできません」

――ダイオキシン類の漏出経路が明らかになるまでは、クロロベンゼンの製造を中止させるべきではないか？

「処理施設の排水、焼却施設の排ガスのダイオキシン濃度とも規制基準以下であることから、クロロベンゼンの製造を禁止させることはできません」

――では、クロロベンゼン、ダイオキシン、ＰＣＢなどがどこから漏出し、どのような経路で大牟田川に流れ込んだのか確認できたのか？

「原因は不明であり、今後調査をすすめていくことにしています」

――工場従業員と周辺住民の血液中ダイオキシン類検査を行ってほしい。

「従業員の健康調査は、みなさんから要望があったことを福岡労働局に伝えます。周辺住民の健康調査は井戸水の使用がないことから、必要がないと判断しています」

遅々として進まない、汚染地域の調査

「民有地は調査できない」、「井戸水は飲んでないから健康調査はしない」という人をあざむくような行政の回答には怒りすら感じる。工場内汚染だけが問題なのではない。工場敷地の境界から大牟田川にかけての地下の流水や土壌あるいは川底のコンクリート下の地層まで、汚染されていることは想像に難くない。県は第二回対策会議で、汚染範囲の実態調査のため川底六カ所でボーリング調査することを決めている。では、なぜ川底だけに調査範囲を限定したのか。

汚染物質が漏出した原因の究明、汚染の除去対策は、年を越しても遅々として進まなかった。それどころか、三井化学工場のすぐ隣の敷地では、地下水、土壌汚染が心配されるにもかかわらず、大型商業施設「ゆめタウン」の建設が始まった。広い敷地に大型建造物ができ、駐車場はアスファルトで舗装された。地下水、土壌調査は行われないままにである。この敷地は三井系列会社が所有していた土地であった。「民有地だから調査できない」のではなく、調査しない理由はここにあったのだろうと勘ぐりたくもなる。

一方、大牟田市では、大気中ベンゼン汚染が極限状態にあることが明らかになる。環境庁がまとめた平成一一年度有害大気汚染物質モニタリング調査で、大牟田市の大気中ベンゼン濃度は全国一高いことが分かったのである。「発生源周辺」では平均値一立方メートルあたり

一二マイクログラム、最大値二七マイクログラムで、環境基準値三マイクログラムのそれぞれ四倍、九倍の濃度であった。ベンゼンは発がん物質である。この大気中ベンゼン汚染の事実もまた、大牟田市民は知らされることなく生活していたのだ。

二〇〇一年二月二一日、わたしたちは三回目の要請書を県に提出した。原因究明と汚染の除去対策がなぜ進まないのかを質すためである。環境部との交渉の場がもたれたのは、その一カ月後の三月二八日のことであった。

——汚染の除去対策はどうなっているか?

「現在、汚染の状況と原因の把握を最優先に取り組んでいます」

——化学汚染物質が地下水に漏出した原因は分かったのか?

「現在、究明中であり、判明次第公表します」

——工場周辺と大牟田川中流域沿い地域の地下水の水質検査をしないのはなぜか?

「飲用に供する井戸がないから、地下水検査を実施する予定はありません」

——県の大気中ベンゼン削減対策はどうなっているのか?

「大牟田市と提携して、ベンゼンを使用する工場の削減対策の状況をチェックし、いっそうの削減について助言・指導を行っていきます」

これが、大牟田川のダイオキシン汚染も、大牟田市の大気中ベンゼン汚染も、公表されてからすでに半年を過ぎての回答である。まったくのお座なりというものであろう。「飲用していないから検査しない」というのも全く理解しがたい言い訳だ。水質基準が飲用水に限って決められたものでないことくらいは、環境保全課なら分かっているはずである。

わたしたちはとくに、二〇〇〇年一〇月の第二回対策会議で決まっていた大牟田川六か所のボーリング調査が未だに実施されていないこと、その後、五カ月をすぎても第三回対策会議が開かれていないことについて、その理由を質した。明確な回答は返ってこなかった。わたしたちに言いづらい問題があることは、環境部担当職員のその場の雰囲気で分かった。なお追及すると、大牟田市現地でなんらかの問題が起きていることまで分かったのだ。その問題というのが、大牟田漁協が「風評被害の恐れ」を理由に、大牟田川の川底のボーリング調査を了解しない、ということだったのである。

事実を隠して、事態が改善されることはない

ダイオキシン汚染をめぐる「風評被害」では、テレビ朝日の「ニュースステーション」報道のために所沢産野菜の価格が下落したことから、JA所沢市（現・JAいるま野）の野菜農家が損害賠償と謝罪を求めて起こした訴訟で、二〇〇一年五月、さいたま地裁が請求棄却の判決を出している。

判決は、原告が報道を訴えたこと自体が的はずれであったことを物語っているが、このときの「風評被害」は、むしろ市民への情報提供が不足していたことに起因しているといって

よい。ダイオキシンの毒性やTDI設定の意義、あるいは脂肪に溶けやすく水に溶けにくい性質、したがって根菜類に蓄積されることはほとんどない、などの基礎知識が周知されていれば、パニックになることはなかった。

しかも、JA所沢市は、すでにホウレンソウとサトイモのダイオキシン含有調査をしていたにかかわらず、テレビ朝日が環境総合研究所の調査結果を報道する一九九九年二月一日まで公表していなかったのである。公表したのはテレビ朝日の報道から八日後であった。

事実を隠蔽していたことが「風評」を育て、被害を大きくした典型的事例だ。JA所沢市が畑地で採取したホウレンソウ七検体のダイオキシン類濃度は、水洗いしないもの一グラムあたり〇・七一ピコグラム、水洗いして〇・二二～〇・四三ピコグラムであった。水洗いしての最高値〇・四三ピコグラムは、やはり葉菜類の濃度としては高いというべき値であろう。それですぐ健康に影響が出るということではもちろんなく、すぐにでも発生源の除去と周辺環境の浄化に取り組む必要がある濃度ということだ。JA所沢市は、テレビ朝日の報道ではなく、汚染原因をつくりだしている所沢の産廃処理業者と、かれらの限度を超えた焼却行為を放置してきた行政に向けてこそ、農家の怒りを組織すべきだったのである。

環境汚染の「風評被害」では、福岡県でも現在、裁判中の事件がある。筑紫野市の産業廃棄物埋立処分場の近くの小川からマンガンに汚染された黒いサワガニが見つかったことを日本テレビ系列の情報番組が報道した。そのため「風評被害」で農作物が売れなくなったとして、二〇〇〇年一一月、農家ら六人が日本テレビと福岡放送のアナウンサーおよび底生生物の専門家として番組に登場した大学助手らを相手に訴訟を起こしたのだ。

この産廃処分場は九九年一〇月、作業員三人が硫化水素中毒で死亡事故を起こしたことから、その後の行政措置をめぐって抗議の住民運動が起きている施設である。この埋立処分場では、かねてから違法な埋め立てが公然と行われ、処分場から流れ出た汚水が近くの小川や水田に流れ込むところが目撃されるなどしたことから、わたしたちダイオキシン九州ネットワークでも一九九七年当時から、この施設に関する情報を条例に基づいて入手して汚染の実態を調べたり、埋立処分場を視察したり、あるいは小川の水質やカニの検査をするなど、監視活動を続けていた、いわくつきの産廃施設であった。

訴訟の対象となったのは、二〇〇〇年七月一七日朝の番組だ。小川の黒いサワガニの映像を流しながら、上流に産廃処分場があることを紹介し、アナウンサーが「この小川には魚が見あたらない」、「この黒いカニから通常の二九倍の重金属マンガンが検出された」などと解説した報道である。この事件でも、地域ではむしろ、一部の農家が苦情の矛先を汚染の原因企業にではなく、汚染の実態を暴く手伝いをしてくれた報道に向けてきたことが疑問視されている。

二〇〇一年五月二一日には「環境ホルモン・ダイオキシン問題にとりくむ議員連盟」（事務局・中川智子事務所=当時）加盟の大野松茂（自民）、松本龍（民主）、今川正美（社民）各議員ら六人が、わたしたちの要請で大牟田川の汚染流域を視察に訪れた。一行は、県と大牟田市の環境部職員から経過説明をうけたあと、わたしたち市民団体からも意見を聴取した。その席で、わたしたちはとくに、底質基準値、食品基準値、なかでも魚介類の基準値設定を要請するなど、ダイオキシン類対策特別措置法に有効性を持たせるための改革・整備を国政の場でも急ぐよう訴えた。

有明海の魚介類のダイオキシン汚染を指摘したわたしたちに向かって、行政職員は「TDIは一生涯にわたって摂取し続けた場合の値ですから」と「いますぐ健康に影響するものではない」とでも言いたげに説明したことがある。しかし、汚染の事実を市民から隠しておいて、事態が改善されることはない。わたしたちが汚染の実態に関する情報公開を求めるのは、魚介類の食の安全性に疑問を持つからだけではない。死にかけた有明海を再生する事業へのいち早い着手を行政に促し、環境浄化と生態系回復のための仕事にわたしたち自身が参画することで、社会の、そして自らのくらしのスタイルをも生態的・人間的に変えていきたいとおもうからである。

有明海では、養殖海苔の不作などの異変に続いて、アサリ、サルボウ、タイラギなど貝類の漁獲量が激減している。海域のダイオキシン汚染では、とくに底生生物の汚染濃度が高いことから、貝類の死滅は底質汚染の影響がないとは考えにくい。生命を絶たれつつある有明海底質との因果関係の調査を急ぐ必要がある。調査すれば、有明海は、いま問題とされている諫早湾の干拓事業に起因するだけでなく、もっと多様な汚染原因から生態系の破壊が進行していることがはっきり見えてくるだろう。

［注］

1 ダイオキシン類とは、ＰＣＤＤ（ポリ塩化ジベンゾ・パラ・ジオキシン）、ＰＣＤＦ（ポリ塩化ジベンゾフラン）およびコプラナーＰＣＢをいう。濃度はその合計数値。

・単位は、水質ｐｇ―ＴＥＱ／ℓ、底質ｐｇ―ＴＥＱ／ｇ乾重量、魚介類ｐｇ―ＴＥＱ／ｇ湿重量。

・ｐｇ（ピコグラム）は一兆分の一ｇ。

・ＴＥＱは、ダイオキシン類各異性体の実測濃度に毒性等価係数を掛けて、二、三、七、八―ＴＣＤＤ（四塩化ダイオキシン）の量に換算した数値。

・水質環境基準一ｐｇ―ＴＥＱ／ℓ

・水質排出基準（工場等排水）一〇ｐｇ―ＴＥＱ／ℓ

・土壌環境基準一〇〇〇ｐｇ―ＴＥＱ／ｇ

2 三西化学農薬被害事件裁判研究会編『「三西化学農薬被害事件」理解のために』

3 「ダイオキシン九州ネットワーク」は一九九七年、九州各県の廃棄物とダイオキシン汚染問題に取り組む市民団体で結成、二〇〇四年に解散した。

4 中央環境審議会１７１号（一九九九年一二月一〇日）「ダイオキシン類対策特別措置法に基づく水質の汚濁に係る環境基準の設定、特定施設の指定及び水質排出基準の設定について」

5　ある投与量を超えると有害になるという境目の投与量を「いき値」（閾値）という。発がん性物質には「いき値」はない。

6　二、三、七、八－TCDD（四塩化ダイオキシン）は、ダイオキシン類各異体性のなかでもっとも毒性が強い。

7　μg（マイクログラム）は一〇〇万分の一g。

「豊かさ」から距離をおく自分の方法を

産業的道具から「プラグを抜く」

現代産業社会のあらゆる制度化されたものへのラディカルな疑念を提起し、そのオルタナティヴを提唱しているイヴァン・イリイチ[1]の発想の一つに「プラグを抜く」というのがある。「プラグを抜く」とは、産業社会を超えるためのプログラムの一つとして、生産力増強への協力を拒否し、消費の権利をも放棄すること、したがって、商品集約度の低いライフスタイルを志向することだという。そのためには、人それぞれが豊かさから距離をおく自分の方法をもち、消費を後退させる独自の方法を決めていく、つまり、それぞれが、自分のやりかたで消費や産業的道具から自分を切り離していく、それが「プラグを抜く」ということである。

航空機を利用しない、新幹線に乗らない、自家用車を持たずにバスを使う、エアコンを使わない、あるいは肉を食べないというのもある。といっても、この社会から完全にドロップアウトするということではない。「それぞれひとりひとりが自分のユニークなやり方でノーといえることを学ぶべきだ[2]」と、イリイチは説明している。

エーリッヒ・フロムがヒューマニスト・ラディカリズムと名付けたイリイチのこの「プラグを抜く」という考え方と、ラディカリズムがよほど嫌いらしい森住明弘氏の「対症療法」のもつ意味では、全く対極にある。

リサイクル運動についての槌田敦氏の批判[3]は、こんにちの運動が取り組んでいるもののなかには、汚染・エネルギー問題を考慮した場合、リサイクルしないほうがいいものまでしようとしているということと、もう一つは「対症療法」としての廃棄物処理は、問題の根本的解決を先送りし、いっそう困難なものにしてしてしまう側面をもっているという二点にある。これを森住氏は、槌田氏が「対症療法」すべてがなんの役割も果たさないといっているかのように曲解するのであるが、ここでの「対症療法」とはなにを意味しているのか。

日本は「環境技術」に関しては最先進国だといわれる。かつての光化学スモッグに始まり、川崎・四日市などに代表される大気汚染、車の排気ガスなどの公害問題は、その対策として、つまり対症療法としての排煙脱硫・脱硝装置、あるいは厳しい排気ガス規制をクリアする自動車エンジンの生産技術などの開発を促し、わが国の二酸化炭素や硫黄酸化物、窒素酸化物の排出削減技術や省エネルギー技術を優れたものにした。

これらの公害対策としての技術開発は、一時的ではあるにしろ〝事態を改善〟し〝環境を保護〟してきた。だがそれだけ、一方では問題の根本的＝エコロジー的な解決をこんにちまで持ち越し、事態をいっそう困難なものにしているとはいえないのか。

しかし、ここまでの議論は、対症療法としての公害処理技術が全く無用であったなどということではもちろんない。だが、槌田理論は、それだけではない別の問題を提起している。その公害処理技術が石油や水を使う技術であれば、その技術は汚染の流れを変えたにすぎないし、汚染の排出量を減らすのではなく、逆に増やすこともありうるという指摘である。だとすれば、こんにちの脱硫・脱硝装置やフロンやアスベストの代替品開発、高度排水処理技術など、新たな技術開発へのチャンスとして注目されているものも、果たして汚染の解決に役立っているのかどうかすら疑われるのである。「対症療法以外のどんな手だてがあるか」ではない、問題は「対症療法」としてどんな手だてを選択したか、なのである。

「批判・告発型運動」は事態の改善に役立っていないか

「批判・告発型の運動は人間社会を傍観的に見る観察者の立場でつくられた理論」で「事態の改善に役立たない」とする森住氏の主張ほど乱暴な議論はない。「批判・告発型運動」はいつも、提案も参加もしないことを前提としているのかどうかの議論は置くとして、もし、森住氏のいうとおりだとすれば、水俣での川本輝夫ら被害住民の告発闘争、川崎・四日市のぜん息訴訟など各地の反公害・告発闘争をはじめ、反開発運動も反原発運動も、あるいは石垣島白保の海を守る運動も各地の干潟を守る運動も、ほとんどは「批判・告発型」であって、事態の改善に役立ってはいないということになる。なるほど、反開発や反原発の運動の場合は、たとえば着工自体を阻止するような成果を見ることは少ないが、そのことが「事態の改善に役立っていない」といえるのかどうか。

自主講座「公害原論」の宇井純氏は、かつて公害反対運動は「負けてもいいとおもう。足尾の価値は、とことんまで負けた点にある。足尾の歴史あって初めて大正時代の公害対策の進展も生まれた」[4]と評価していた。

また、槌田氏は、原発東海二号炉の行政訴訟の裁判でつぎのような内容を証言したことがある。「反対運動で原発が倒れると考えたことはない。そうではなくて、内部矛盾で原発が自己崩壊するとおもっている。反対運動は、内部矛盾を住民が知ったときに起こるのであって、その結果、原発のコストが上がるという順番になる」と。そして「対案のない、反対のための反対はよくない」という批判に対しては、「それは、反対運動の論理を壊すために考え出された支配者の論理である。原発の建設に反対するのは原発に反対だからである」[5]と答えている。

博多湾の人工島反対運動は、その着工を止めることはできなかった。だが、これからも続けられる批判・告発の闘いは、事あるごとに人工島計画のもつ矛盾と環境に与える影響について市民に考えさせる契機となって、この開発計画をあるいは中途挫折させることにつながることもありうるし、少なくとも行政につぎなる第二の人工島計画だけは思いとどめさせる役割は期待できるのである。その意味では「対症療法」のように即効性はないが、批判・告発型運動こそ次世代にまたがる効力を期待できるという意味では、むしろ森住氏のいう「漢方」なのである。

「環境保全型」でなくエコロジー、「対症療法」でなくオルタナティヴを

「提案・参加・社会実験型の運動」として森住氏が推奨する有機・無農薬農業にも、その前段には農薬被害に対する、あるいは、化学肥料による土壌破壊に対する農家の長い告発の闘いの歴史があった。しかも、有機・無農薬運動は森住氏のように一般的なリサイクル運動と同列に語ることができない。それは、有機・無農薬栽培が従来の農薬・化学肥料被害に対して有効なだけでなく、なによりも、近代農業技術を批判・告発し、さらに「環境保全」にとどまらない、エコロジー的な展望につながるオルタナティヴ技術だからである。

有機・無農薬栽培はやればできるという簡単なものではない。だから「とりあえず減農薬から」と取り組む農家がある。一時は、有機農業運動家の一部から減農薬運動への批判があった。「農薬は一つでも使えば、それが次の農薬使用を必至にする。だから、最初から完全無農薬でなければ、無農薬栽培は実現できない。減農薬には可能性がない」というのが批判の理由である。しかし一方では、地域全体の自然の生態系が破壊されている現状では、一地区での初めからの完全無農薬栽培はきわめて難しいことも事実である。そこに農家のジレン

マがある。とはいえ、選択の可能性は、その技術がオルタナティヴなものであるかどうか、あるいは、そこへ一歩でも近づけるものであるかどうかでしかない。

それぞれが、自分のやり方で、やれるところから「プラグを抜いていく」ことがエコロジーへの一歩であろう。とはいえ、そのことは、いわゆる現実主義者が「やれるところからやればいい」と強調するのとは意味が違う。森住氏は、びん化は難しいから「虚しい運動にしかならない」という。これは何を意味するか。宇井純氏はかつて、対案に対して「非現実的だ」とか「ユートピアであって実現なんかしない」というのは「結局はおれはやらないという答えを引き出すための問いである、と自主講座の結論はたどりついた[6]」と語っている。つまり「やれるところからやればいい」というのは、ある意味では「難しいことはやらない」という答を企業から引き出すための問いかけにしかならないのだ。身の回りで実現不可能なことはオルタナティヴではない。課題は、それをどこから、どう実践していくかである。びん化をすでに実現している産直酪農グループは、現存している。

温暖化、酸性雨、オゾン層破壊、森林・水資源の減少など広範多岐にわたる公害問題、あるいは「地球環境問題」を、とりあえずにしろ、市民のゴミの収集やリサイクルの問題に矮小化することはできない。しかも「環境保護」は、必ずしもエコロジーにつながるものではない。ましてや、リサイクルシステムのためにどんなに努力しても、それがオルタナティヴなものでなければ「創造的で、すぐれた批判」などにはなりえない。どんなリサイクル運動でも、それにかかわる市民が社会システムの変革運動の主体に自動的に変わるというわけでもない。リサイクルは単なる再利用、再生産となって、大量リサイクル社会を実現させてしまうことだってありうるのだ。

イリイチは「豊かさは他の人たちを傷つける」、そして「他の人たちが豊かさによって傷つけられているかぎり、人は豊かさを控えることはないし、豊かさから身を避けることはありえない」[7]という。人が豊かさを拒否するようになるには、全く違った契機が必要なのだ。

こんにちの「環境問題」とは本来、公害問題である。産業公害なのである。それを「環境問題」と言い替えるのは、事の本質をあいまいにする。一九七〇年前後の反公害運動は、企業人対住民、国家・自治体行政管理者対市民、利益団体対市民運動という対立の構図を浮き彫りにした。この対立の図式は「環境問題」と言い替えたところで、解消されるわけではない。産業公害を地球規模で考えれば、これに南北対立の構図すら加わる。それを、個人の倫理や生き方の問題にしてしまうことはできない。

イリイチが水俣病の「患者」を見舞ったとき「少なくとも英語では、かれらは決して患者などではなく、〈犠牲者〉として語られるべきです」[8]といったことの意味を考えなければならない。加害者、被害者の関係が見えない、のっぺらぼうの社会観では、こんにちの産業社会システムを乗り越えることはできまい。産業社会は、自然とともに生きてきた人びとを経済力、政治力によって抑圧し、疎外している。こんにち、自然環境に対する暴力的破壊を助長している元凶は、産業社会の生産力増強主義とそのシステムにある。

［注］

1 イヴァン・イリイチ　一九二六年ウイーン生まれ。ヨーロッパ、メキシコ、アメリカなどで活動した思想家。著書は『脱学校の社会』東京創元社、『脱病院化社会』晶文社、『エネルギーと公正』同、『シャドウ・ワーク』岩波現代選書、『オルターナティヴズ』新評論など多数。学校、医療、エネルギー、労働、性、環境など近代文明の根源的な問題を提起しつづけて、二〇〇二年ブレーメンで死去。一九八〇年、一九八六年には国際会議出席のため来日、それぞれ一カ月、二カ月滞在し、各地で視察、講演を行っている。

2 イリイチ日本で語る『人類の希望』四五〜四六頁、新評論、一九八一年。

3 槌田敦著『環境保護運動はどこが間違っているのか？』宝島社、一九九二年。

4 宇井純著『公害言論Ⅲ』二二八頁、亜紀書房、一九八八年（合本）。

5 槌田敦著『エントロピーとエコロジー』付章「エントロピーと原子力発電」二〇九頁、ダイアモンド社、一九九六年。

6 （前掲）『人類の希望』四三頁。

7 （前掲）『人類の希望』四八頁。

8 （前掲）『人類の希望』五〇頁。

浪費を止めることから始めよう

経済社会の肥大化が廃棄物を増やす

福岡市は二〇〇五年八月から一般廃棄物焼却施設・新東部工場（焼却能力・日量九〇〇トン）を稼働させている。新東部工場は、連続運転式ストーカ炉で建設費三一五億円、福岡市と九州電力との共同出資で二〇〇〇年に設立した株式会社福岡クリーンエナジー（資本金五〇億円、出資比率・福岡市五一％、九州電力四九％）が建設し、運転を実施している。市は、この新東部工場の稼働と同時に、既存の旧東部工場（三炉・日量八〇〇トン）を休止・解体しているので、差し引き一〇〇トンの増設となる。

福岡市の焼却施設は、二〇〇一年に臨海工場（焼却能力・日量九〇〇トン、プラント事業費三〇〇億円）を増設しているので、既存の西部工場七五〇トン、南部工場六〇〇トンと合わせると、市全体の焼却施設能力は日量三一五〇トンとなる。稼働率八〇％としても二五二〇トン／日の焼却が可能となる。ところが、市の焼却ごみ量は、近郊市町からの持ち込み分を含めても、二〇〇四年度で年間七五万二〇〇〇トン、日量二〇六〇トンしかない。市の目論見どおりには増えていない（図1）。というのも、この施設計画は、一九九八年に策定した「福岡市第二次ごみ処理基本計画」のごみ発生量将来予測に基づいたもので、その予測の基となっている「第七次福岡市基本計画」の経済予測は、二〇一〇年までの経済成長率二・五％、人口増加率〇・八六％を見込んだものであって、こんにちでは明らかに破綻したものであった。

福岡市内の年間ごみ収集量は、一九八八年度の五九万二〇〇〇トンから九七年度の七五万五〇〇〇トンへ、一〇年間で一六万三〇〇〇トン、二七・五％も増加している。九七年度市民一日一人あたりの一般ごみ排出量は一・五二キロで、国内の主要都市ではおそらく一、二を争う多さであった。「経済成長が続けば、あるいは経済が活性化すればごみは増える。だから焼却施設を増設しなければならない」。こうした認識での市のごみ行政が市民のごみ排出量を増やし続けてきたのである。しかし、一九九八年には、粗大ごみを有料化したことから、六七万八〇〇〇トンまで減量し、その後ぶり返してはいるものの、家庭ごみはほとんど増えていない（図2）。

市内の収集ごみのうち、二〇〇四年の可燃ごみ量は六四万七〇〇〇トン、日量一七七三トンでしかない。少なくとも、日量三〇〇トンの焼却炉三基は運休できることになる。明らかに過剰施設である。福岡市民はごみ減量どころか、今後、日量六〇〇トンの「ごみ増産」を達成しなければ、焼却炉を無用な施設で終わらせることになる。こんなバブルなごみ行政が

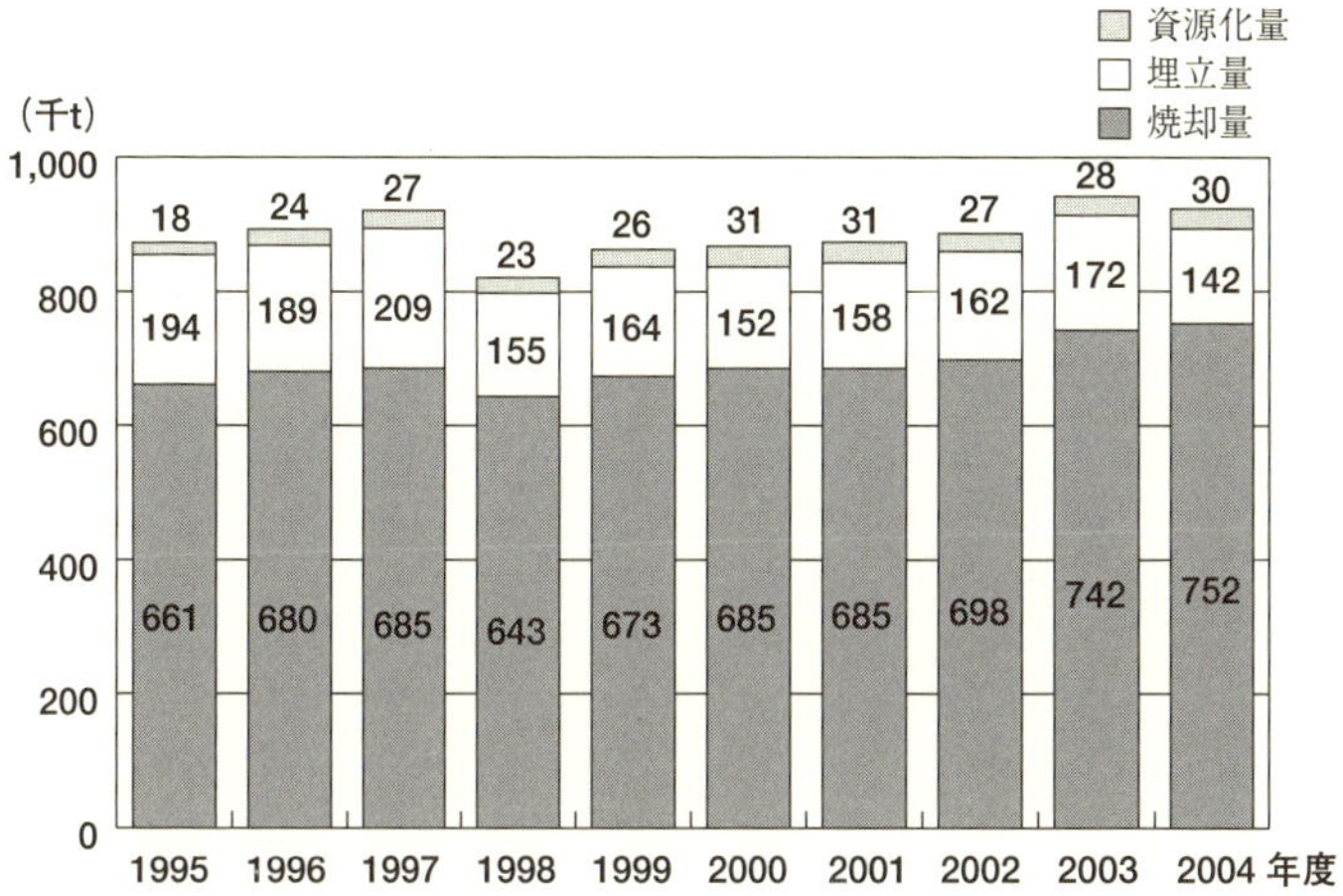

図1　福岡市ごみ処理量の推移

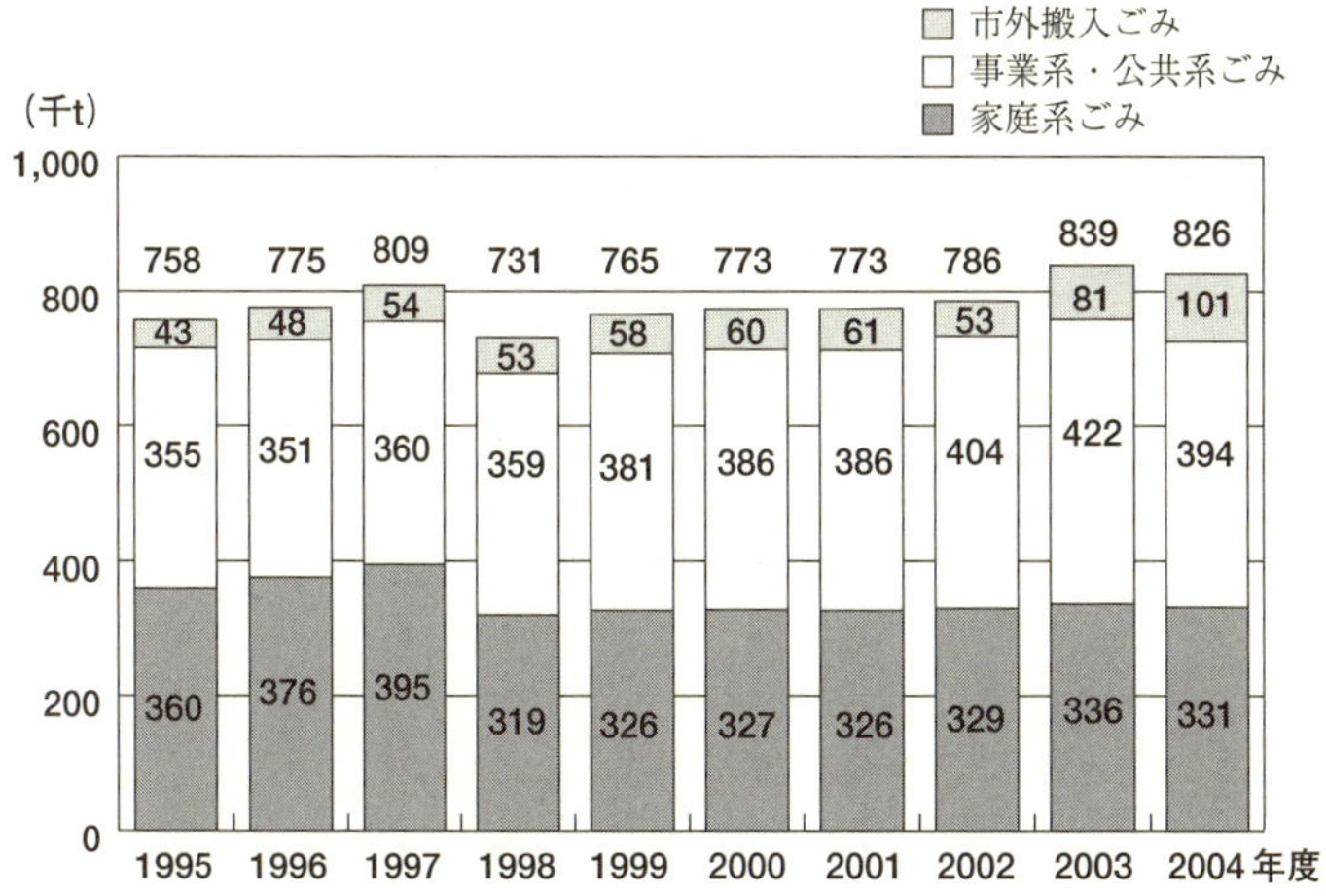

図2　福岡市ごみ収集量の推移

あるだろうか。

そこで市は、その過剰施設をいくらかでも解消するために、臨海工場が稼働した二〇〇一年からごみ処理基本政策を転換し、近隣の自治体から可燃ごみ受け入れを始める。近郊の春日市、那珂川町に大野城、太宰府両市を加えて、四市一町の広域環境行政に関する基本協定を締結したのである。「循環型社会の構築、自然環境の保全・創造を目指す施策は都市圏共同で協議し、取り組んでいくことにする。ごみ処理委託はその一つとして協議していく」というのが市の言い分だ。その動機には、過剰となった焼却施設を稼働させるための根拠を得たいという計算が見え見えなのだ。焼却ごみを持ち込む自治体は、従来からの久山町を含めて四市二町となる。

県内いくつかの自治体でも、多かれ少なかれこうしたごみ処理の広域化、施設の大型化を口実にした過剰な施設整備が進められている。政官財のトライアングルにとっては、焼却施設建設もまた、バブル経済再興へ向けての公共投資の一つなのである。だが、ごみ減量のための処理方式には、堅持しなければならない原則がある。ごみの地域内収集と処理の原則である。福岡市は、その原則すら放棄したのだ。確かに、市の焼却ごみは、二〇〇四年、二〇〇五年と増えている。だが、その増加した可燃ごみのほとんどは、四市二町から持ち込まれたものである。二〇〇三年からほぼ倍増しているのだ。

ごみ焼却炉を発生源とするダイオキシン対策の基本は、リデュース、リユース、リサイクルの徹底による焼却ごみの減量だ。これはすでに、一九九七年策定の「ごみ処理に係るダイオキシン類発生防止等ガイドライン」でも示されている政府の基本政策でもある。しかも、政府は一九九九年の閣議決定で、二〇一〇年までに一般廃棄物の最終処分量を一九九六年対比で半減、焼却量を一五％減、産業廃棄物については最終処分量を半減、焼却量は二二％減らすという削減目標を打ち出していた。地方自治体は、その施策の実現へ向けて自らの数値目標をもって、ごみ減量に取り組まなければならないときなのだ。ところが、福岡市のごみ対策は、この政府の施策にすら逆行している。鎌倉市のように、すでに一九九六年に一九九五年を基点とする一〇年間で焼却ごみ半減の数値目標を立てて、既存の焼却炉二炉のうち一炉を解体する方針を打ち出しているところもあるというのにである。

生産力増強への協力を拒否し、消費の権利を放棄する闘いを

福岡市は、ごみ処理対策だけでなく、すすめている諸施策がいぜんとしてバブル経済の再現を夢見てのものである。この一〇年の開発事業を見ても、博多湾の人工島（事業費四六〇〇億円）、香椎パークポート（事業費一五二四億円）、地下鉄3号線（事業費三二三〇億円）、市街地整備事業等（合計二八九〇億円）だけでも総事業費は一兆円を超えている。さらに人工島開発への追加事業、加えて新福岡空港建設計画を進めていて、これも、アクセス整備を含めると一兆円の事業となる。福岡市の債務残高は、すでに二兆六七〇〇億円（二〇〇五年

度末）に達しているのにだ。

こんにちの大量生産、大量消費、大量廃棄の社会システムは、地域経済を破綻させ、自治体財政をも破綻に追い込んでいる。さらに、わたしたちの生活環境とともに地球規模で急速にエコロジーを破壊しているのである。これ以上の物量的な豊かさの延長線上に未来を構想することは許されない。だからこそ、GNP・GDPを指標としない、あたらしい価値観での「もう一つの経済学」をつくり出さなければならないのだ。

もうひとつ。近代社会は、利潤と利便性を求めて生産を最大限に増やすことに集中し、近代技術の有効性を追求してきた。利潤追求への限りない志向が、巨大開発、巨大産業、巨大企業を作り出す一方で、原発、ロボット、プラスチック、コンピューター、バイオテクノロジー、合成化学薬品等々、近代技術を一変させてきたのである。しかし、これらの技術は、地球環境の限界と廃熱と廃棄物の処理、環境汚染と資源・エネルギー枯渇の問題を無視してきた。そして、ついにはその限界を超えてしまったのだ。近代技術が築いてきたこんにちの文明モデルは、すでに乗り越えられなければならないところにきている。要請されているのは、エコロジー的に耐えられる生産と消費、生活のスタイルへ回帰することである。そこで求められるのは「もう一つの技術」であり、「自然と共存する技術」である。

エコロジー運動理念を阻害する傾向は周辺にもある。あるグループは、自治体の溶融炉建設計画について「溶融炉の安全性さえ保証されれば問題はない」と主張する。かれらは、埋立地造成計画についても「造成場所と施設構造の安全性が保証されれば、反対運動は成立しない」とさえ公言する。

この主張は、近代文明モデルを前提とした議論で、ごみ問題を単に処理技術の問題に矮小《わいしょう》化する議論でしかなく、生産力増強の無限の延長線上に未来社会を構想する考え方から抜け出ていない。だから、かれらの議論が「処分場はどこかに必要だ」ということを前提としていることでは、行政と同じである。したがって、安全性の議論が迷路に入り込むと、あとは施策決定過程の非民主性を追及することしかなくなる。

しかし、問題は、ごみ行政のエコロジカルな転換をどう提起し、どうすすめるかである。ごみ焼却・埋立主義は、ダイオキシン汚染の原因となるということだけが問題なのではない。焼却・埋立主義が「大量生産、大量消費、大量廃棄」のシステムに対応し、それを推進する「技術」だから問題なのである。

反焼却主義は、こんにちの生産と消費のシステムと闘い、そのシステムから離れるための糸口となる。ごみ問題は、リデュース、リユース、排出抑制の方向で解決しなければならないことが確認されてきている。もちろん、その先には生産抑制があることはいうまでもない。生産抑制、つまり、浪費と闘い、そこから離れること、脱浪費へのシステムづくりから、もう一つの生産と消費社会への道を切り開くのである。

「より少なく消費し、より良く生きる」

もう一つの傾向は、「エコビジネス」を名目に商品化・産業化を目指すいくつかの動きである。リサイクルの事業化、産業化はその一つだ。「環境にやさしい」という名目での技術開発も盛んである。福岡では、ある事業団体が生協連合、環境市民団体を組織し、九州電力の基金提供を受けて太陽光発電設備の普及事業を始めたことがある。しかし、この運動は、企業電力の消費拡大に資する新事業にしかならない。九州電力が市民の政治的圧力なしに自ら原発を止めて売電事業を縮小し、風力・太陽光発電へ転換することはありえないことだ。まず電力消費の権利を自ら縮小・放棄することである。そのための闘いなしに、社会のエコロジー的転換をめざす歴史的事業に自分も参加するのだという意識が形成されることはない。オルタナティヴ社会への方向転換は、産業界や国の行政的措置に期待できないことは明らかだ。方向転換は、市民参加にもとづく、できるだけ直接的民主主義でなければ実現できるものではない。つまり、市民自治に保障された地域自治から始動するものである。

フランスのエコロジスト、アンドレ・ゴルツ[1]はかつて「資本主義は、軍需産業を発展させたのと同様に、公的要請に応じて、エコロジービジネスを収益性のあるものとして発展させることができるのだ[2]」と、その危険性を警告し、さらに「環境保全主義的」アプローチとエコロジー的アプローチの根源的な違いを強調していた。環境保全主義は、経済合理性の運営に新たな拘束と限界を課そうとはするが、それが経済合理性と資本の活動領域を広げようとするシステムの基本的傾向に歯止めをかけることにはならない、というのだ。[3] リサイクルはもともと、ごみ減量、省資源、省エネルギーを目的とする施策である。生産の拡大化傾向に歯止めをかけないリサイクルがその目的に沿うことはない。エコロジー的転換は、ビジネスを増大させるものとして展開させてはならないのだ。社会のエコロジー的転換は、無駄な生産と消費を減らすことから始まる。その運動の延長線上に初めて、資本制市場に替わる、自立した市民の市場が生まれるのである。「その目的は、働きながら、より少なく消費し、より良く生きるような社会である[4]」。

［注］

1 アンドレ・ゴルツ　フランスの思想家、一九二四年ウイーン生まれ。六〇年代は労働者自主管理、七〇年代は政治的エコロジーの論陣を張る。著書『エコロジスト宣言』緑風出版、一九八〇年、『エコロジー共同体への道』技術と人間、一九八五年、『資本主義・社会主義・エコロジー』新評論、一九九三年など。

2 （前掲）『資本主義・社会主義・エコロジー』一六四頁。

3 （前掲）『資本主義・社会主義・エコロジー』一六五頁。

4 （前掲）『資本主義・社会主義・エコロジー』八七頁。

大牟田ＲＤＦ発電事業は破綻させなければならない

大牟田ＲＤＦ発電所でも貯蔵サイロの火災事故

三重県多度町のＲＤＦ発電所の燃料貯蔵サイロで二〇〇三年八月一九日に起きた爆発事故は、予想を超える大事故で、福岡県大牟田市に操業中のＲＤＦ発電所をかかえるわたしたちは大きな衝撃を受けた。

大牟田リサイクル発電施設のトラブルは、発電所が二〇〇二年一二月に本格稼働を始めてから半年も経たない内に何度か起きている。この間には、地元の環境市民団体から大牟田市に対し、ＲＤＦシステムの安全性の不備を指摘し、操業の凍結などをなんども要請してきた。ところが、死傷者三人を出す大事故となれば、事態はいっそう深刻である。

わたしたちダイオキシン九州ネットワークは、地元市民団体「環境ネット・有明」と話し合い、八月二八日には共同で福岡県環境部リサイクル推進室を訪れ、麻生渡福岡県知事あてに改めて大牟田発電事業の「操業停止を含む抜本的対策を求める」申し入れを行ったのである。

しかし、その申し入れに対する回答は、予定日から一カ月を過ぎても出てこなかった。九月中旬には、あまりに回答日の連絡がないので催促したところ、「安全性に関する質問項目にメーカーからの回答がきていないので、いま少し待ってほしい」とのリサイクル推進室からの返事であった。

ところが九月二三日、RDF発電所でまたまた事故が発生した。多度町の事故と同じく、RDF貯蔵サイロで火災が発生したため運転を停止する事態となったのだ。施設の運転は二日後、火災原因不明のまま再開されたが、今後はサイロ内のRDF三〇〇〇トンを約四〇日間で使い切ったあと、原因調査にかかるという。県は、RDF技術システムのかかえる問題解決の見通しもなく見切り発車してきたことの失政を繕うことにいっぱいで、わたしたちの申し入れに対する回答の準備すらできない状況に追い込まれていたのである。

大牟田リサイクル発電所は、多度町の爆発事故が起きる八月までにすでに三回の事故を起こしていた。うち二回は運転を停止している。最初の事故は、発電始動から二カ月にもならない二〇〇三年一月に起きた送風機破損事故であった。その後も、四月に砂循環装置火災、八月にはボイラー伝熱管破孔の事故を起こしていた。

RDF発電所の事故は、三重、大牟田だけで起きているのではもちろんない。各地で稼働中のRDF製造施設を含めて、関連施設でのトラブルが報告されている。RDF発電事業が未だ安全性すら保障されない不完全な技術システムであることを物語っていたのである。

そのことは、大牟田リサイクル発電所では、ＲＤＦ焼却灰の資源化処理が未だに実現できないでいることでも明らかだ。ＲＤＦの焼却では一四・五％の灰が発生するとされる。大牟田ＲＤＦ発電事業では、年間一万四〇〇〇トンの灰を生成することになる。

大牟田リサイクル発電は当初、地元企業で研究開発していた灰リサイクル処理の事業化を断念し、まだ試運転中の二〇〇二年一〇月から二〇〇三年七月までの灰処理を三井金属鉱業系列の三池精錬に委託してきた。

三池精錬は溶融処理して回収金属は亜鉛精錬原料に、残りはセメント原料に利用できるとしていたが、処理料はトンあたり三万一一四〇円となる。しかし、発電事業の当初計画では、灰の資源化処理費はトンあたり一万二〇〇〇円しか計上されていない。二倍以上のコストである。それでは、ＲＤＦ供給自治体からの処理委託料トンあたり五〇〇〇円を値上げしなければ採算がとれなくなってしまう。そこで、三池精錬での処理をあきらめ、八月以降は市の最終処分場へ持ち込んでいるのだ。

大牟田市は当面、二〇〇四年三月までの措置と釈明しているが、その後の処理方法の見通しは立っていない。市は「ゼロ・エミッション」をうたい文句に「ＲＤＦ発電所と焼却灰資源化施設の一体的整備を目指す」としながら、その資源化技術を完成することもなく見切り発車してきた。ＲＤＦ事業計画は、すでに技術の一角から破綻が始まっていたのである。

しかし、わたしたちがＲＤＦの事業化に反対してきたのは、その技術が未完成で、安全性が未だ保障されていないからではない。安全性が保障されれば事業化が許されるということではない。ＲＤＦ事業は、大量生産、大量消費、大量廃棄の浪費社会の技術システムだからである。

ＲＤＦは「脱焼却」「ごみゼロ」社会への理念に逆行する

行政は、ごみを固形燃料化することで小規模市町村の広域的なダイオキシン対策を可能とし、さらに、発生する熱エネルギーで発電し、売電することで自治体のごみ処理費負担を軽減するとしてＲＤＦ発電事業を宣伝、促進してきた。

一九九九年、大牟田市は福岡県、電源開発などの共同出資（資本金二億円）で大牟田リサイクル発電株式会社を設立した。発電施設の概要は、総事業費一〇五億円、ＲＤＦ処理能力一日三一五トン、発電出力二万六〇〇〇キロワットで、平均単価約八円／キロワット時で売電しようという計画である。

当時、ＲＤＦは福岡県内一六自治体（五施設組合）、熊本県内一二自治体（二事務組合）の合計二八自治体（七施設組合・事務組合）から日量二七二トン供給するという構想。ＲＤＦ処理費用は一トン五〇〇〇円。搬入費用およそ五〇〇〇円は納入自治体の負担となる。それでも、発電事業は、当面の十数年は赤字経営が予測されていた。

ＲＤＦ供給自治体でも問題は起きる。大牟田リサイクル発電開業当初、ＲＤＦ供給を契約していた施設組合は、福岡県内の大牟田・荒尾清掃施設組合が日量一一〇トン、稲築町外三ケ町衛生組合（現・ふくおか県央環境施設組合）二一トン、宮田町外三町じん芥処理施設組合（現・宮田市外二町じん芥処理施設組合）一八トン、須恵町外二ケ町清掃施設組合と同施設組合に委託する志免町、宇美町で計七〇トン、浮羽郡衛生施設組合（現・うきは・久留米環境施設組合）二三トン、熊本県内の菊池広域行政事務組合（現・菊池市）一三トン、阿蘇広域行政施設組合一七トンである。

だが、これらの自治体のほとんどは、旧来の焼却炉能力に比べて新設したＲＤＦ施設規模が減量計画になっていない。むしろ、大牟田リサイクル発電は契約後一五年間、搬入量を増減しないことを契約条件としている。これらの自治体では、供給開始後一五年間はごみ減量計画ができない。なかには、四、五年前から七分別収集でごみ減量に取り組んできた自治体が、この間の市民の努力をむだにしてＲＤＦ事業に参入することになった事例もある。大牟田リサイクル発電事業は、福岡・熊本両県の二七自治体（当時）から排出されるごみを一手に引き受けて処理することになる。このシステムは、ごみ減量施策の一つである地区内処理の原則に逆行していることも明らかだ。

それどころか、大牟田市は、ＲＤＦ発電事業の計画当初の説明会で「ごみは今後も増え続けます。ＲＤＦ発電は、そのごみを資源として活用し事業化するもので、石炭産業衰退後の大牟田にとっては、経済活性化の起爆剤になるものです」と語っていた。つまり、ごみ減量施策ではなく、逆に、廃棄物を増産し、その処理を産業化しようという意図である。大牟田市には、ごみ減量への意識は毛頭なかった。だが、わたしたちが目標としているのは、脱焼却とごみゼロ社会である。

たとえば、反原発の運動目標は、原発に安全性を求めるものではない。「安全な原発」がわたしたちの選択ではないからである。求めているのは、原発の廃棄であり「脱原発」だ。同様に、私たちの運動はRDF発電に安全性を求めるものではない。求めているのは「安全なRDF施設」や「安全な溶融炉」ではなく「脱焼却」だ。脱焼却をめざしてRDF製造・ごみ発電施設や溶融炉を廃止することである。大量生産、大量消費、大量廃棄社会を前提とした廃棄物処理の産業化を容認することはできない。まず、浪費をなくして廃棄物の排出を抑制し、その廃棄物のリデュース、リユース、リサイクルを展開して焼却ごみを減らすこと。そのことによってRDFと溶融炉の事業化を破綻させ、廃止に追い込まなければならないのである。

だが、大牟田RDF発電事業の破綻は意外に早く訪れる。同発電所は、二〇〇四年四月にはまず焼却灰処理コストの上昇を理由に操業開始時に一トンあたり五〇〇〇円だったRDF処理委託料を七二〇〇円に値上げしたのだ。それだけではない。福岡県と電源開発は二〇〇六年六月、大牟田リサイクル発電の経営立て直しのため四億二〇〇〇万円を増資し、さらに

ＲＤＦ供給を契約している福岡・熊本両県の七施設組合・事務組合に対して処理委託料九五〇〇円に引き上げを求めはじめたのである。

Ⅳ　もう一つの政治選択

環境保全条例制定運動が残したもの

不成功に終わった環境保全条例制定請求運動

「福岡市環境基本条例」は、市提出の条例案になんらの修正も加えられることなく、一九九六年九月、市議会の多数で議決された。しかも、市議会での条例審議では、わたしたち「市民がつくる環境保全条例の会」が作成した条例案を考慮した論議が交わされることは、本会議での荒木龍昇議員（当時）の質問時以外にはついになかった。もちろん、わたしたちが市民案を上程することができていたら、市議会での議論はもう少し内容のあるものに変わっていたであろう。その意味では、環境保全条例の制定請求運動が実らずに終わってしまった影響は小さくなかったとおもえる。

環境保全条例の制定請求は不成功に終わった。提出した署名数は一万九八一八だったが、うち一三九四が無効とされ、有効数は一万八四二四であった。必要な法定署名数一万九二八二（一九九六年九月二日現在の選挙人登録者数九六万四〇六九の二％）には、わずか八五八人分の不足であった。

しかし、条例制定は請求できなかったとはいえ、既成の大組織に頼らない、ミニ環境市民グループを中心に九三〇人を超える人が署名収集に参加し、短期間に二万人の署名を集めた運動が、福岡市民に投じた一石の意味は計り知れず大きいといえる。市の環境基本条例が制定されたあとには環境基本計画が策定される。今回は無視された環境影響評価も、国の動き次第では、条例制定を検討せざるをえなくなることもあるだろう。いずれにしろ、市は今後の環境施策づくりの中では、今回の基本条例の審議ほどには二万人の署名を無視することはできないだろうし、少なくとも、今回よりましな議論を展開せざるを得ないであろう。わたしたちの運動の成果はそこに表れるに違いない。

策定された福岡市環境基本条例は、市環境審議会の答申をほぼ踏襲したもので、施策としての具体性も、実効性も、全く持ち得ない内容のものであった。というのも、審議会の答申がすでに国の環境基本法の空疎な条項を横滑りさせただけのものにとどまっていたからだ。それでは、基本法がこんにちの環境保全にとってなんら実効ある法律になっていないのと同様に、市の条例もほとんど使いものにならないことは明らかである。この条例では、こんにちの博多湾をはじめ、市内各地で展開されている環境破壊の乱開発を制御することも、環境汚染を防止することもできるものではない。むしろ、市の開発行政と開発事業者に対しては、野放しのお墨付きを与えることにもなりかねない条例といえる。

ブラジル環境NGO会議が提起した課題

一九九三年に制定された国の環境基本法と翌九四年に策定された環境基本計画は、一九九二年にブラジル・リオデネジャイロで開かれた国連環境開発会議（地球サミット）のわが国における最大の成果である、と国は自賛している。

しかし、環境基本法は環境理念すら明確には語っていない。基本法第四条は「環境への負荷の少ない健全な経済の発展を図りながら持続的に発展することができる社会が構築されること……」と書いているが、これは「持続的に発展する社会の構築」という目標に「環境への負荷に少ない」という環境用語を修飾的につけただけで、いぜん経済成長優先の思想を語っているにすぎない。そこからは、経済発展を至上命題とし、そこに環境を「調和」させていく施策しかでてこない。

ブラジル環境会議で定着した「持続可能な発展」という翻訳用語の本来の趣旨は「地球環境を生態的に維持していける社会的発展」とも理解すべきものである。そこには、先進国におけるこれまでの経済発展のあり方を疑問視する問いかけがあったのだ。リオには、地球サミットに出席する政府首脳らだけでなく、世界中から環境NGOが参集し、独自の会議を開催した。そのNGO会議が提起した課題は、人類社会が「地球環境を生態的に維持していける社会」への転換をどう図るかであった。そこには、地球環境はもはや生態的にも資源的にも維持可能な限界を超えているという危機意識があったのだ。

ところが、わが国の行政は、それとは全く異質の認識しかなかった。だから、国の環境基本法には環境理念がなく、環境基本計画には環境保全の目標も手段も主体も示されない、まったく不十分なものとなった。その後の国の行政と開発企業は、開発優先政策を転換する気配を見せることも、環境破壊の乱開発あるいは資源乱獲を止めることもなかったのである。

福岡市の環境基本条例もまた、環境基本法とまったく同じ理念で貫かれていた。基本条例の第二条は「環境の保全と創造」のための基本原則の一つを「環境への負荷が少なく、持続的な発展が可能な循環を基調とする社会を構築すること」としている。そこでは「環境への負荷」とか「循環を基調とする社会」とか環境用語を使ってはいるものの、正確に読めば、いぜんとして開発優先の政策、経済成長優先の理念を表現しているに過ぎない。市の開発・経済成長優先の発想は「環境の創造」という用語に象徴されている。ここでは、生態系の維持より、経済効率主義が明らかに上位に置かれているのだ。

それに比べて、わたしたち市民が、地球の生態環境の維持と資源の保全を第一義の理念にかかげた条例案を自らの手でつくりあげたことの意義は小さくなく、条例案を上程できなかったことを超えて、今後に大きな布石を残したと思える。

わたしたちは、福岡市の乱開発・環境汚染・資源浪費がこれ以上進行するのを座視することはできない。基本条例施行の後に続くあらゆる具体的施策の中でも、行政や企業活動を問わず、監視と異議申し立て、施策改変のための運動を重ねていかなければならない。

直接民主主義回復の流れを全国に

この条例制定請求の署名運動のもう一つの柱は、否応なしに直接民主主義のための運動でもあった。代議制民主主義としての市議会が空洞化し、その機能を完全に喪失しているなかで、市政を直接民主主義で補完していくのは市民自治の責務である。直接民主主義こそ、民衆主義＝民主主義の原点であり、市民の政治参加の出発点なのだ。

だが、環境基本条例の制定過程から市民は締め出されている。環境基本条例についての環境審議会の中間報告は、確かに「環境保全への市民の参加と協力を強調すべきである」と書いている。しかし、ここでの「市民の参加」は、本来の「市民参画」ではない。

市のいう「市民参加」は、市が策定した企画・事業に市民が参加・協力することでしかない。そうではなく。市の事業・行事に市民自らが企画段階から参画することでなければならない。でなければ、市民の主体性は生まれない。また基本条例は、第二条の基本原則で「市民、事業者及び市が、環境の保全及び創造に関し、それぞれの責務を自覚し、公平な役割分担の下に、自主的かつ積極的な取り組みを行うこと」と記している。だが、これは、行政側から見た役割分担に市民が協力するということでしかない。

ここでは、環境問題が本来は公害問題であること、産業公害であることが隠されている。

産業公害であることを隠すことによって、その加害者責任を隠蔽し、市民にも行政にも企業にも、同じレベルでの加害責任としての「公平な役割分担」を迫るものである。「責任はみんなに」ということほど無責任な発言はない。

産業公害の加害責任を直接的に問い、きびしい規制措置を要求していくところからこそ、自然の生態系を重視した社会への転換の可能性が見えてくるのだ。自治体行政でも同じである。開発中心の行政を止めるには、直制民主主義による地方議会の補完が急務となっている。

この直接民主主義の回復の流れはいまや全国的である。わたしたちの請求署名運動の最後の週でもあった一九九六年八月四日に行われた新潟県巻町の原発建設を問う住民投票は、反対票が六〇・八六％を占めての圧勝であった。しかも、投票率は八八・二九％の高率であった。そして、九月八日に行われた基地縮小と日米地位協定の見直しについて賛否を問う沖縄県民投票は、賛成票が八九・〇九％を占め、有権者の過半数に達したのだ。その民衆政治への流れの狭間で、福岡市では条例制定の請求署名が二％の確保すら不首尾に終わった重みを、わたしたちは受けとめなければならない。

福岡市民の市政参加のハードルは確かに高い。しかし、その高さを許している責任はと問われれば、市民の側にも皆無ではないと考えるべきであろう。とりあえずは、あらゆる機会に、くり返し、ハードル乗り超えの努力を積み重ねること、そのことなしに、市政への市民参加も、市民自治への道筋も見えてこないようにおもえる。

近代文明モデルの乗り超えを

もはや逃げ道はない

資本主義の生産力増強主義が地球規模でエコロジーを破壊している。資本制社会の大量生産、大量消費、大量廃棄のシステムは、人間と自然との関係を破壊してきただけではない、人間と人間との関係をも崩壊させてきたのである。

資本主義はこれまで、人間の欲望は無限であり、その欲望を満たしてくれる自然の能力もまた無限であるとの想定に立ってきた。その社会システムは、競争、差別、抑圧、失業、労働強化、そして破綻の危機に直面する。しかし、その危機はケインズ主義的妥協によって、あるときは新自由主義的な市場運営にゆだねることで調整しながら乗り切ってきた。だが、経済社会の肥大化は、やがて地球の許容範囲を超えて生態環境を破壊し、資源を枯渇させることになる。「想定」は崩れる。

もはや逃げ道はない。求められるのは、エコロジー的に耐えられる生産と消費、生活のスタイルである。われわれには、資本制社会が築いてきた近代文明モデルを乗り超えることが求められている。そして当然に、二〇世紀社会主義の生産力主義をもである。

では、いかにして乗り超えるのか。この課題への回答は、経済分析からは出てこない。資本主義体制の危機を分析し、その危機を克服できるのは「世界社会主義体制だ」と主張するだけでは、人びとの意識的で連帯した行動には結びつかない。社会を変えることはできない。

ドネラ・H・メドウズらのレポート『限界を超えて』は、「人間が必要不可欠な資源を消費し、汚染物質を産出する速度は、多くの場合すでに物理的に持続可能な速度を超えてしまった。物質およびエネルギーのフローを大幅に削減しないかぎり、一人当たりの食料生産量、およびエネルギー消費量、工業生産量は、何十年か後にはもはや制御できないようなかたちで減少するだろう」と結論していた。そして、論じなければならないのは、農業革命や産業革命のような「より深い意味での革命である」と。だが、同時に、その選択に向かうには「あまりに多くの希望が、あまりに多くの人びとのアイデンティティが、そして工業化された現代文化の多くが、果てしなく続く物質的成長という前提の上に築かれている[1]」との危惧を語っていたのである。

ラディカル・ソシアル・エコロジーを

エコロジー運動は、ヨーロッパにおいて一九八〇年代初頭から体制に少なからず影響を与え始める。そこで、体制が取り込んだのが環境保護政策である。環境への影響を緩和する技術、汚染を少なくする設備、あるいは疑似自然工法による開発等々の環境保全主義的政策である。だが、この環境保全主義は、市場、競争、産業システムを前提としたものであって、オルタナティブに結びつくものではない。

「資本主義は、軍需産業を発展させたのと同様に、公的要請に応じて、エコロジービジネスを収益性のあるものとして発展させることができるのだ[2]」とアンドレ・ゴルツはいう。さらに「環境保全主義は、経済合理性の運営に新たな拘束と限界を課そうとするが、それが経済合理性と資本の活動領域を拡げようとするシステムの基本的傾向に歯止めをかけることにはならない[3]」とも。

この環境保全主義に取り込まれて現実主義的妥協に走った緑の運動主流に対し、一九九〇年、西欧「緑」の活動家たちによるオルタナティヴ政治宣言が発せられる。『ヨーロッパにおける緑のオルタナティヴのために[4]』である。この国際政治文書は、西欧八カ国語で刊行され、一五カ国で配布されたという。

「資本主義のラディカルな改革的自己批判」としての社会主義は、エコロジー社会主義でしかない。社会主義は、資本主義の生産力を単に引き継ぐことはできない。近代技術は乗り超えなければならない。もう一つの技術、もう一つの経済システムをつくり出さなければならないのである。しかし、生産手段私有制の廃止は、エコロジーの危機を必ずしも解決しない。

生産手段の国家的所有だけでも、解決にならない。生産手段の社会的所有は、生産者、労働者、消費者、利用者としての市民による自治を意味する。そして、市民・労働者による自治管理こそ賃金労働の廃止の原点である。また、市民による完全な地域自治は、国家死滅の展望にも結びつく。その意味では、かつてルドルフ・バーロ[5]が言ったように「真の意味で、エコロジー運動はコミュニズムの展望と究極的に一致している」[6]のである。

社会システムの構造的方向転換は、反浪費の運動から開始できる。それぞれに産業的道具を拒否すること。電力をむだに消費する家電製品、使い捨て製品、寿命の短い製品等の消費を拒否し、廃止する。この運動は、生産と消費の市民的自主管理を意味し、商品生産・市場の縮小、経済社会の方向転換へと結びつく。この闘いは、世紀を超えての長期にわたるものとなろう。しかし、わが国の緑の運動の多くは、資本主義の社会システムを前提として認めているかに見える。この運動に欠けているのは、近代文明モデルを乗り超えるためのラディカル・ソシアル・エコロジーへの戦略と展望であると、わたしは考えている。

［注］

1 (前掲)『限界を超えて』「はしがき」viii〜ix頁。

2 (前掲)『資本主義・社会主義・エコロジー』一六四頁。

3 (前掲)『資本主義・社会主義・エコロジー』一六五頁

4 (前掲)『ヨーロッパにおける緑のオルタナティヴのために』第三章参照。

5　ルドルフ・バーロ　元ドイツ社会主義統一党員。一九七七年、原題『オルタナティヴ』（訳書『社会主義の新たな展望Ⅰ・Ⅱ』岩波現代選書、一九八〇年）を発表して逮捕、投獄され、一九七九年に西ドイツに追放される。西ドイツで一九八〇年の「緑の党」創立大会に関与し、論陣を張るも一九八五年に離党する。

6　ルドルフ・バーロ著『東西ドイツを超えて』一四三頁、緑風出版、一九九〇年。

よりラディカルにオルタナティヴへ

「政権」へのすりよりか「左翼」へか

真下俊樹氏のレポート「フランス緑の党の理念と政策」（『QUEST』20号）は、ヨーロッパにおける緑の党がいかにも順風満帆に勢力を拡大し、とくに、地方議会や国会に議員を持つようになってからは、問題なく影響力を行使しているかのように語っている。

フランス〈赤と緑の連合〉は一九九二年にノール・パ・ド・カレ地域圏で、緑の党が社会党の支持を受けて議長ポストを獲得してから「目覚ましい活躍を見せ」、九〇年代後半には左翼連合（社・共）との政策協定を結んでいくと、真下氏は共感をもってレポートしている。それが、いかなる政策協定なのか、また、なにがなんでも政権に近づくことでの「目覚ましい活躍」とはなにを指しているのか、問わないままにだ。

かれは「野党にとどまっている限り、少数派が現実政治に及ぼしうる影響力は皆無である」と考えているようである。だが、本当にそういえるのか。

真下氏は、緑の党の政策理念は「持続可能な発展」という表現に集約されていると評価している。だが、この「持続可能な発展」という用語は一九九二年六月、ブラジルのリオデジャネイロで開催された国連環境開発会議（地球環境サミット）で、妥協の産物として生まれた共通施策を表現する官製用語として定着したのである。

このリオ会議の特徴は、世界一七八カ国の政府代表による地球環境サミットが「維持可能な発展」を主テーマに開かれたこと、同時に一〇〇カ国を超える四〇〇〇のＮＧＯ（非政府組織）代表が参集し、国際ＮＧＯフォーラムが開かれたことであった。

サミットの目的は、地球規模で進行している環境の危機的状況を共通認識とし、地球環境を維持できる社会経済秩序をつくりあげるための共通理念を「地球環境憲章」にまとめ宣言することにあった。ところが、発展途上国は、環境保護と開発過程の現況に南北の公平性を求めて、開発権を強く主張したため「地球環境憲章」が「環境と開発リオ宣言」に変更されたのだ。

そこでのSustainable Development（維持可能な発展）は「地球環境を生態的に維持できる社会的発展」と理解すべきところ、「経済的発展が持続可能な」との解釈を可能とした。その解釈には、先進国、途上国それぞれに経済成長優先、開発優先の思惑を色濃く含み込ませることができたのである。わが国では「持続可能な発展」「持続可能な開発」などの訳語が使われていたが、当時、都留重人氏は「地球を維持する」という意味で「維持可能な発展」と訳すべきだと提唱されていた。

リオ会議は「環境と開発リオ宣言」とその行動綱領である「アジェンダ21」を採択した。また会議の期間中には、直前に合意されたばかりの「気候変動条約」と「生物多様性条約」の二条約締結に多くの国が著名した。「気候変動条約」は、原案がアメリカの反対にあって骨抜きにされたものの、リオ・サミット直前の五月、合意に達したものだ。「生物多様性条約」も同じ五月、妥結に至ったばかりであった。だが、付属文書としてついていた絶滅種に関する生息地リストは、発展途上国が反対してはずされていた。しかも、アメリカは、遺伝子の知的所有権を主張して調印しなかったのである。一方、NGOは、これらサミットの宣言や条約を不満として、独自の「地球憲章」をつくり、また三五のNGO条約をまとめたのである。NGOは、リオ会議の政策決定過程からはずされたとはいえ、リオ後の行動綱領の実践では、それぞれの国と地域で少なからず役割を果たすことになる。

同じ九二年、ローマクラブ福岡会議で発表されたデニス・L・メドウズらの『限界を超えて』は、「持続可能な発展」ではなく、「持続可能な社会」(あるいは「維持可能な社会」)という用語を使っている。だが、その「持続可能性」は、技術的にも経済的にも、人類が産業革命いらい追い求めてきた近代文明モデルの延長線上に構想されるものではないことを語っている。メドウズは「人類社会は限界を超えてしまったのである。現在のやり方では持続不可能なのだ。もし未来というものがあるとするならば、後退的な、速度を緩めた、癒しの未来しか考えられない」[1]と報告していた。

「持続可能な発展」は、わが国の官製用語ではエコロジー的アプローチを意味するものではない。地球環境サミットのわが国における最大の成果とされている一九九三年制定の環境基本法は「環境への負荷の少ない健全な経済の発展を図りながら持続的に発展することができる社会が構築されること……」と書いている。これは「環境への負荷の少ない」という環境用語を修飾的につけただけで、いぜんとして成長型経済の思想を語っているに過ぎなかった。

フランス緑の党は「〈持続可能な発展〉様式は、だれもが受け容れることができ、長期的に持続可能な発展でなければならず、現在の必要に応え、なおかつ将来世代に危険や損失を与えないものでなければならない」[2]と書いていた。その発展様式は「環境保全」を成長型経済に包み込ませる試みで資本主義を再構築しようとするかにみえる。

では、どのような道を通って資本主義を乗り超えるのか。西ドイツ緑の党では八〇年代初頭から、市場の政治的調整と自由競争の規制の必要性が議論されていた。非商品経済的自給分野の拡大や労働時間の短縮の課題も、もちろん提唱されていたのである。[3]

反原発・反空港運動が原点の西ドイツ「緑」

西ドイツでの緑の運動は本来、環境汚染や原発反対のオルタナティヴ運動から生まれ育ったものだった。その反原発運動の全国展開の出発点となったのは、一九七〇年初頭のバーデン・ヴィユルテンブルク州ヴィユールにおける原発建設反対運動であった。近郊のフライブルク市をも巻き込んだ町村を結んでの広い地域で、反原発闘争が繰り広げられたのである。とくに一九七六年から一九七八年にかけてのホルシュタイン州ブロックドルフ原発反対闘争は、一時モラトリアム（原発新設停止措置）を始める契機となったほど大きな社会的衝撃を与えた。一九八〇年には、ゴーアレーベン再処理工場建設予定地を五〇〇〇人が占拠し、ここに「自由ヴェントラント共和国」と呼ばれる反原発村を一時期造ったほどの大闘争となった。この時期、反原発のほかに、フランクフルト空港拡張反対、ミュンヘン・エルディンガー・モース空港建設反対運動などを展開している。[4]

そのなかでも、干潟の埋め立て、河川や海の汚染、森林問題などエコロジー運動に取り組む市民活動が広がる。一九七八年から一九七九年にかけては、緑のグループとしての統合を進める一方で、参加する市民グループにさまざまな潮流を生むことになる。現実派、原理派、エコリベラル派、エコソシアル派などである。これらの緑グループ間の確執に対する周囲の懸念に答えて、当時、環境・反戦運動で国際的に活動していたペトラ・ケリーは「緑の党内部の多様な傾向は、わたしたちの党を豊かにする。社会分析については基本的な意志一致がある。わたしは共産主義者も古い価値観を持った者も締め出したくないし、そうする必要もない。――もはやけんかすることもなくなったし、互いに心を開いてつき合おうとしている」[5]と楽観論を語っていた。

だが、一九八〇年にバーデン・ヴィュルテンブルク州カールスルーエで開かれた西ドイツ緑の党（緑の人びと）結成大会は、出席代議員の選出方法にさえ各派間の確執と混乱を生じたなかで、現実派、右派路線が優勢を占めることになる。西ドイツ緑の党は、創設当初から、すでに「現実主義」的傾向、改良主義的対応を強める潮流が主流となっていたのである。なかでも地方レベルでは、SPD（社会民主党）との連立をめぐって現実路線化、連立路線化傾向を次第に強めていく。そこで、すでに一九七九年に東ドイツを追放され、一九八〇年の西ドイツ緑の党結成に参加していたルドルフ・バーロ[6]は、これらの現実主義的潮流に対する原理派の立場からの批判を強める。一九八四年の党大会では、かれは自らの立場をこう主張していた。

「緑の改良主義は少なくとも旧い権力構造の正当性を春の太陽の下の雪のように、ある程度溶け去ってしまう。しかしまた、旧い権力構造が助けを求めているいままさにその瞬間、救いの手を差しのべようとあせることにもなる。このような結果となる緑の改良主義を緑の党は志向しないということを明確にすべきだ」

バーロはさらに「このままでいくと、この改良主義の流れを食い止めることはできないとライナー・トランペルトも見ているのではないか。現実派に対し、内容をめぐって対抗すれば、まずそれは無味乾燥な結果に終わるのであって、現実派とは反対の方向に向かう運動こそつくりあげねばならない。出ていくのだ、体制の外へ！」と、ライナー・トランペルトらエコロジー社会主義派に離党を呼びかけたのである。[7]

そして、バーロ自身は、州レベルで緑の党とSPDとの初の連立政府が実現した一九八五年に離党する。それから五年後、バーロの「予言」どおり、エコロジー社会主義派のライナー・トランペルト（元緑の党連邦議員）とトーマス・エバーマン（元緑の党幹部会員）らもまた脱党を声明し、一九九〇年には新組織「ラディカル左翼」[8]を旗揚げしている。

ライナー・トランペルトらの基本的テーゼ[9]はこうである。

一、人類は現在、自然という自分たちの生命の基盤を破壊している。

二、この破壊行為は、明らかに、資本主義の内的法則性（経済成長への強制、資本の蓄積、何事をも顧みない利潤追求、競争）と関係している。資本主義は乗り超えられなければならない。

三、資本主義を乗り超えるある特定の方法や生産手段の私有制の廃止は、必ずしも、外的自然環境の危機状況の解決をもたらさない。このことを、現存する社会主義諸国が証明している。

四、外的自然環境という、人類の存在条件を救うための必要不可欠な方法は、工業諸大国に住む大多数の人々の、いままでの生産や消費のあり方を根本から変えることを要求する。

「ヨーロッパにおける緑のオルタナティヴのために」

さらに、同じ一九九〇年には、政治宣言「ヨーロッパにおける緑のオルタナティヴのために」[10]が発表された。この文書にはピエール・ジュカン（フランス）、カルロス・アントウネス（ポルトガル）、ベニー・ケンプ（イギリス、緑の党の創立者）、イザベル・スタンジェール（ベルギー）、ヴィルフリート・カンペー（ドイツ、緑の党所属のEU議員）、オットー・ヴォルフ（ドイツ、緑の党所属）の六人が署名している。いずれも、ヨーロッパ諸国で緑の党創立いらいの指導者として参加してきたか、共産主義運動から出てエコロジー運動に加わってきたひとたちである。このなかでは、ピエール・ジュカンが序文を書いていることなどから、かれが中心的な書き手だったのだろうと、抄訳者・江口幹氏は推測している。

ジュカンは元フランス共産党政治局員で、党内改革を図り、一九八七年に党から除名されている。一九八八年のフランス大統領選挙には、無党派左翼、エコロジストなどに推されて出馬し落選している。得票率は二・一％だった。この宣言は、かれらが、ドイツにおけるトランペルトらと同様に、ヨーロッパの緑の党内外の運動の現状に危機を見て、新たなオルタナティヴの理念と政策を提唱して広く議論を呼びかけたものだ。

この宣言は「第一部　課題」、「第二部　何をなすべきか」の二部構成の文書で、こんにちの「危機は地球にではなく、人間の生活にある」との認識から、危機の要因となっている資本主義の文明モデルを乗り超えるためのオルタナティヴをもっともラディカルに提示している、と思える。江口氏の抄訳によれば、その基本理念の骨格部分は、概要つぎのとおり語られている。

一、資本主義は全世界的にエコロジーを破壊している。第二次大戦後、資本主義諸国にケインズ的妥協が普及した。しかし、この和解は破綻しているか、限界に達している。そこで、ネオ・リベラリズムが登場した。アダム・スミスのいわゆる市場の〈見えざる手〉に運営をゆだねようとするものである。

しかし、それは、失業、労働強化、環境の著しい破壊に直面した。そこでとられたのが、環境保護政策で、環境破壊に対する罰則、環境を破壊しない技術の研究、汚染の少ない設備の導入等々である。しかし、この環境保護政策は、生産手段の私有、市場、競争、企業の自由のへゲモニーを前提としており、技術や経済への市民的コントロールを前提としていない。したがって、部分的なものでしかありえない。

二、現代工業経済の中では――人間労働は、一般的に、利用される全体の機械的エネルギーの一％以下しか占めていない。経済活動はエネルギーを浪費しているし、農業でさえ、機械化、化学肥料、収穫の調整等々によって工業活動と化している。アメリカで行われているようなエネルギーの浪費を全人類が行えば、百年のうちに石炭が、一八カ月で石油が枯渇することになる。

三、もはや逃げ道はない。アメリカ式生活を全地球に普及させることは考えられない。社会は、生産と消費の現在の型と闘い、そこから離れることによってしか、解決策を見いだせない。求められるのは、エコロジー的に耐えられる生産、消費、生活の型であり、解放された社会である。

この課題への答えは、無意識的な力である自然や経済からは由来しない。それは、意識的で連帯した人間にしか由来しない。それは、本質的に技術的なものではなく、文化的なものであり、真の意味で政治的なものである。

四、ヨーロッパの発展モデルは、エコロジー的に破局に近づいている。何十億という人びとの単純な必要を満たすことができないことを証明しているし、第三世界全体に移せない。新しい文明を創始するためには、地球のあらゆる文化の対話が必要である。人類は結合の中で存在しているが、この結合はただ一つのモデルにしたがって実現されるのではない。解決策は、エコ社会的な多元性の中にある。地球的文化をではなく、諸文化の地球を。

ヨーロッパは、第三世界が自立するのを手助けしつつ、生産と消費の型を方向転換しなければならない。ヨーロッパは、第三世界の負債を破棄し、農村地帯と食料耕作への資源の優先的な投入と、食糧自給の研究のためにのみ公共援助するよう改めなくてはならない。

五、エコロジー的、社会的な危険への政治的対応は、何よりもまず、地方分権化された参加を推進する、できるだけ直接的な民主主義でなければならない。生きている人びととエコロジー的・社会的諸問題との間の相互依存についての意識が高まれば高まるほど、多様性を求める権利をますます必要とする。

六、技術は中立ではないので、社会主義社会は、資本主義からその生産諸力を単に借りることはできないし、もう一つの技術、もう一つの経済的合理性、もう一つの労働の組織を発明しなくてはならない。

生産手段の国家所有は、それ自体では何一つ解決しえない。労働力の商品的形態の廃止を伴わない限り、生産手段私的所有の廃止は、資本主義に真にけりをつけるものではない。賃金関係の廃止、少なくともその転換が必要である。社会的所有は、生産者、消費者、利用者としての市民にとって、政治的な自己管理化を意味しなくてはならない。

歴史的転換の主体は、単に労働者大衆ではなく、自然と経済との関係の中で疎外されているものとしての、労働者、消費者、利用者の全体である。

七、われわれエコソシャリストは非暴力を選択する。非暴力はあらゆる状況に画一的に適用できるものではない。ある民衆が武器をもって起たねばならない場合もある。しかし、非暴力という社会の要求と機会は増大している。具体的な個々の状況のなかで、非暴力行動のあらゆる実際の可能性を学び、経験せよ。それは、大きな社会変革に結びつく。非暴力の政策は現実的なものである。

非暴力的行動力は、異議申し立てである以上に、はるかに建設的なものである。それは、意識、理解、自己規律、勇気の高い水準を必要とする。それは、自治的な提携の諸形態を実現させる。多様な勢力を結集するし、多くの人びとを行動に参加させる。要するに、政治をいっそう社会化させる。社会は、できるだけ国家なしですますことを学ぶ。国際的な面でも、紛争をもはや軍事的には解決できないし、すべきではない。いまや、共同の安全、非暴力的なもう一つの防衛について、公開討論を展開するときである。

宣言はこのあと、四つの基本方針――抵抗、反省、方向転換、結集――を提案している。注目されるのは、この宣言が、マルクスの理論がいまの時点で多くの修正すべきテーゼを含んでいるとはいえ、青年マルクスが描いた共産主義の理想とエコロジーの展望とは一致しうると考えていることだ。マルクスの思想がエコロジーへの可能性をもっていたことを評価したうえで「マルクス的考察は資本主義の内的な矛盾にのみ限定され、別の経済学を生み出さなかった」と指摘し、さらに、マルクス以降のマルクス主義は、社会革命が生産諸力と生産関係の矛盾の暴発として必然的に開始されるとしたり、共産主義を生産力増強の無限的延長線上に展望する誤りを犯してしまった、と批判している。「マルクスの批判は生産諸関係の欺瞞を暴いている。しかし、生産諸力の、ではなかった」のである。

宣言の、マルクス以降のマルクス主義への批判は、つぎの三点に集約される。

第一に「共産主義は、共同の富のすべての源泉が豊かに噴出するように、生産諸力が十分に増大したときにのみ、実現される。言わば、社会を変えること、それは生産を最大限に増やすことである」、「多くのマルクス主義者が、最大は必然的に最良に通ずる、と信じ続けている。経済学批判が全面的な経済主義に行きついた。既存の共産主義は、婉曲な言い回しでの生産力主義に見える」という指摘である。

第二に「プロレタリアートが解放の役割をもつという思想は、生産諸関係の中でのみ人間を見ようとし、結局は生産諸力に決定される発展の段階に呼応させる一面的な経済主義的な見方で」あって、「歴史的転換の主体は、単に労働者大衆ではなく、自然と経済との関係の中で、疎外されているものとしての、労働者、消費者、利用者の全体である」としていることである。このような、解放の主体は労働者階級全体ではない、そして、技術は社会的に中立ではないとする考えは、アンドレ・ゴルツやルドルフ・バーロらの主張するところでもあった。バーロはかつて、プロレタリアートの役割が「普遍的解放の現実的な集団的主体であるべきだ、というのはマルクス主義のユートピア的な内容を集約している哲学的仮説の一つであった。しかし、資本主義の経済学によってこの仮説を実現できるわけではなかった」[11]と書いていたし、ゴルツもまた、伝統的な意味での労働者はもはや少数の特権集団でしかなく、変革の主体とはなりえない、と主張していた。

この階級概念については、わが国では平田清明氏が「この近代においてその概念が純粋に成立する階級（社会階級）は、社会における同等な市民関係のうえに成立するところの、生産諸手段の所有関係における不同等性である。つまり階級関係とは人間の存在形態としての同等の市民関係の上に成立する実質的不平等性である。この生産諸手段の所有関係おける社会的不平等性という一点に階級概念を擬集させるとき、前近代の身分制社会もまた階級社会として概念把握される[12]」と、新しい視角を提示していた。

第三に「非暴力を選択する。非暴力という社会の要求と機会は増大している」と、非暴力の可能性が拡大しつつあると分析している。そこで「自然発生的な、あるいは引き起こされた破局が革命を発生させる」という旧来のマルクス主義的考えをしりぞけ、「決別は、生産と生活の様式の別のものへの複雑な長期にわたる移行でしかありえない」と見通しているのだ。

宣言は、このように、既存のものとは別の民衆の運動に根ざした社会解放への新しいラディカル・エコロジー・ソシアリズムの戦略と展望を語っていたのである。

エコシステムへの転換から資本主義の消滅へ

フランスは、原発五九基を保有して国内電力需要の八〇％を賄っている世界第二の原発大国である。そのフランスの緑の党は、三〇年間で脱原発を達成する案を提案し、これが現実的なシナリオであると主張していた。真下氏は、このエネルギー政策を評価して「いかにして温暖化を避けながら脱原発を達成するかが、この分野の最大の課題だ。これを同時に解決する道は、省エネ（エネルギー利用効率の改善）と再生可能エネルギーの促進以外ない」としている。

まるで、同様に原発五二基を持つ、わが国資源エネルギー庁官僚の言い分を聞かされているかのようである。原発開発を、再生可能エネルギーがまだ開発されない時代の、二酸化炭素を排出しないエネルギー資源として評価しているのだ。

原発一八基を保有するドイツSPD（社会民主党）のシュレーダー政権はすでに、電力業界との間で原子炉の稼働期間を三二年とする撤退条件で合意している。SPDと連立しているヨシュカ・フィッシャーら緑の党主流もこれを承認している。だが、緑の党主流の原発政策に関するSPDとのこの「合意」は、かれらがいうような「苦渋」の選択などというものではない。

一九九一年当時、SPDと緑の党が連立政権を樹立していたドイツ北部のニーダーザクセン州政府は、核燃料産業・ANF（アドヴァンス・ニュークリアー・フュエル）の二酸化ウラン生産に係る事業拡張を許可している[13]。この州政府のなかで、緑の党は一一人の閣僚中二つの大臣ポストを確保していた。したがって、この認可は、前の保守政権下でとられた手続きであったとはいえ、緑の党がSPDとともに反核エネルギー政策を放棄したことを意味する。しかし、緑の党は、七〇年代西ドイツ各地の反核・反原発と反戦・反基地の二つの闘争の中で生まれ、組織されてきたのである。緑の人びとの多くはいまでも、反核・反原発と非暴力を基本政策としている。ところが、緑の党の現主流は九〇年代初頭からSPDとの連立の一翼に加わると、その基本政策の一つを二つの大臣ポストと引き替えに放棄したのだ。そして、一九九九年には、もう一つの基本政策である非暴力主義までも放棄し、NATO軍のコソボ空爆に合意している。明らかに基本政策の転換なのである。

ドイツSPDのエネルギー政策は、従来の成長型経済が許容する範囲での技術革新によるエネルギー利用の効率化と、部分的な再生可能エネルギーの開発に止まるものでしかない。全体的なエコシステムへの方向転換には結びつかない。エコシステムへの方向転換は、少なくとも先進資本主義諸国においては、現状の過大なエネルギー消費量を削減することなしには不可能である。

フランス緑の党は、二〇〇五年までに二酸化炭素排出量一〇%削減を提案している。だが、政策課題として、二酸化炭素排出への課税、技術開発、自動車から鉄道へのモーダルシフトへの優遇措置などをあげているものの、具体的措置は示されていない。京都議定書が決めたEU一五カ国の削減義務八%(一九九〇年対比)では、フランスは〇%でよいことになっているから、自国の削減目標一〇%でも多いといえる。しかし、先進国全体で五%という京都議定書の削減目標は、いま以上の地球温暖化を防ぎうる数値ではもともとない。

IPCC(気候変動に関する政府間パネル)の予測では、二酸化炭素を現状の濃度(三六〇~三七〇ppm)で維持することは、もはや不可能なのだ。IPCCの科学者たちは、二酸化炭素ダブル(五五〇ppm)の現実的可能性すら指摘している。地球気温のかつてない急激な上昇は避けられないことなのである。それでも、二酸化炭素濃度を可能な限り、しかも、急いで減少させなければならない。緑の党は、いまとなって増税や鉄道へのモーダルシフトでの自動車削減を具体策もなく提唱しているし、あるいは「グローバル・グリーンズ憲章」は、いまの段階で「人間社会が地球の生態系資源に依存していることを理解する」などといっているが、時代遅れもはなはだしい。とても間に合う話ではない。直ちに、脱自動車社会への整備を社会的強制力をもって始めなければならない。バイオガス燃料やNGV（天然ガス車）への代替をガソリン車削減の条件とすることはできない。輸送のありかたの早急で抜本的転換が要請されているのである。

「空間も再整備されなくてはならない。生産諸力の選択、産業化された農業、国家機構の拡大、階級間の不平等に結びついて発展してきた都市空間、農村空間、輸送のあり方も変えなくてはならない。エコロジー的・人間的方向転換は、自家用車の使用と道路交通の大幅な短縮なしにはありえない。ヨーロッパにおける空路の密度は度を過ぎている[14]」のである。

知らなければならないのは、人類の諸活動はすでに地球環境の許容範囲を超えていること、その結果、地球の生態系は広範囲にわたって回復不可能なまでに破壊が進行していることである。内分泌攪乱化学物質汚染、森林破壊、地球温暖化、オゾン層破壊、動物と植物の種の絶滅、食物汚染の連鎖、資源の枯渇等々、地球環境の極端な汚染と生態系の破壊は、産業資本主義のこの一世紀に起きている。人類社会を存続の危機に陥れている現存の資本制社会は、破綻させなければならない。

しかし、ドイツ緑の党のフィッシャーら現実派は、すでに資本主義の枠組みを認め「環境保全主義」を取り込んだ経済政策や税制改革を提唱している。企業家に環境保護を義務づける、あるいは、多国籍企業に自己責任の義務を負わせる、というのもある。そして、この政策実現のためには、SPDだけでなく、FDP（自由民主党）を含めて連立政権をつくろうというのである。

フランスのレギュラシオニストで緑の党の経済問題専門家・アラン・リピエッツは、オルタナティヴのテーマに自立と連帯、エコロジーの三つを語っている。[15] ところが、かれの「持続可能な開発」や「再生可能な発展」の概念には、近代科学技術を基軸とする資本主義の近代文明スタイルが前提となっているかに見える。経済政策におけるリピエッツの調整的アプローチでは、資本主義の近代産業発展のモデルであるケインジズムとフォーディズムに対する労働側からの社会民主主義的妥協で終わる。資本主義の経済的合理性、そして資本と商品生産の限りない増大傾向に歯止めをかけることはできない。かれの政策には「冷徹な否定こそは、政治的ユートピアの前提である」というラディカリズムの思想が欠落している。エコロジーへの課題は、自然や経済への無意識的な流れの中で解決されるものではないのだ。フランス緑の党と社会党との「協定」路線もまた、ドイツのフィッシャーら現実派と別の政策を現出しているとは認められない。

だが、人と人の関係、人間と自然との関係を破壊してもなお、飽くなき利潤の追求を原理とする資本主義は、エコロジー思想とは相容れない。だからこそ、エコシステムへのラディカルな転換を求める市民行動は、浪費をなくし、非市場的活動領域を拡げて、商品生産と市場を縮小し、産業社会と資本の活動領域をコントロールすることで、資本主義を消滅に追い込む。この市民行動のラディカリズムは、より高度な意識と自己学習を人びとに要求する。そこから、人びとは、市民自治の可能性を学び、国家なしでの自治社会の実現へ向かうのである。

〔注〕

1 （前掲）『限界を超えて』「はしがき」Ⅵ頁。
2 フランス緑の党著『緑の政策事典』六六頁、緑風出版、二〇〇一年。
3 遠藤マリヤ著『ブロックを超える――西ドイツ・緑の党』「終章緑の党が目指す社会」亜紀書房、一九八三年。
4 同『ブロックを超える――西ドイツ・緑の党』「第三章緑の党の形成過程」
5 同『ブロックを超える――西ドイツ・緑の党』同八〇頁。
6 ルドルフ・バーロ（前掲）
7 ルドルフ・バーロ著『東西ドイツを超えて』二八三頁、緑風出版、一九九〇年。
8 トーマス・エバーマン、ライナー・トランペルト著『ラディカル・エコロジー――ドイツ緑の党原理派の主張』「解題・もう一つの統一」田村光彰、二七一頁、社会評論社、一九九九四年。田村光彰著『ドイツ二つの過去』二二四頁、技術と人間、一九九八年。
9 (前掲)『ラディカル・エコロジー』「第8章エコロジーの危機と社会的な変革――一二のテーゼ」一七六頁。
10 『ヨーロッパにおける緑のオルタナティヴのために』は、一九九〇年に東西ヨーロッパで発表された政治宣言。ヨーロッパ九カ国語で相次いで刊行され、一五カ国で配布されたという一三〇頁ほどの小冊子で、日本では江口幹氏の抄訳で「全労活ニュース」(一九九一年五月号外)に掲載された。
11 ルドルフ・バーロ著『社会主義の新たな展望I』二二七頁、岩波選書、一九八〇年。
12 平田清明/しまね・きよし対談「現代社会主義考」「思想の科学」一九八五年。
13 (前掲)『ドイツ二つの過去』「第3章緑の党ともう一つの統一」。
14 (前掲)『ヨーロッパにおける緑のオルタナティヴのために』「第二部何をなすべきか――方向転換」
15 アラン・リピエッツ著『レギュラシオン理論の新展開』一五二頁、大村書店、一九九三年。

初出一覧

「これでもなお新福岡空港を造るのか」「反空港全国連絡会第五回交流集会資料集」二〇〇五年一月

「直ちに輸送のエコロジー的・人間的な方向転換を」新福岡空港ストップ連絡会世話人学習会報告、二〇〇三年四月三〇日

「博多湾の人工島事業は破綻している」（二〇〇六年九月、新原稿）

「博多湾の人工島とわたしたちの選択」冊子「どこへ行く？　博多湾の人工島」一九九九年一一月

「コメ輸入自由化の思想と反対運動の論理」「Ｏｐ―ａｌ」二二号、一九九四年六月

「ＷＴＯを破局の危機に追い込んだ反グローバル運動」（二〇〇六年九月、新原稿）

「水はなぜ『不足？』するのか」「博多湾会議」三七号、一九九五年九月

「有明海の魚介類は『安全』というまやかし　『風評被害』恐れてダイオキシン汚染隠し」「週刊金曜日」三九二号、二〇〇一年一二月一四日

「『豊かさ』から距離をおく自分の方法を」一九九四年九月

「浪費を止めることから始めよう」ダイオキシン問題全国交流集会二〇〇二ｉｎ東京で報告

「大牟田ＲＤＦ発電事業は破綻させなければならない」「月刊むすぶ」三九四号、二〇〇三年一〇月

「環境保全条例制定運動が残したもの」「博多湾会議」四三号、一九九六年一〇月

「近代文明モデルの乗り超えを」「ＱＵＥＳＴ」一九号、二〇〇二年五月

「よりラディカルにオルタナティヴへ」「ＱＵＥＳＴ」二三号、二〇〇三年一月

岡部博圀（おかべ・ひろくに）1932年、福岡県・志免炭坑で生まれる。香椎高校中退。1952年上京、65～68年東西貿易通信、1969年～89年日本農業新聞に勤務。83年、福岡市に転居、90年から環境市民運動に参加。1997年、ダイオキシン九州ネットワーク結成に参加、2004年まで事務局。1997年から新宮・古賀・福間・津屋崎沖空港建設に反対する連絡会世話人、2003年から新福岡空港ストップ連絡会世話人。

ラディカルにエコロジーへ
近代文明モデルを超えるために

■

2007年5月25日発行

■

著　者　岡部博圀
発行者　西　俊明
発行所　有限会社海鳥社
〒810-0074　福岡市中央区大手門3丁目6番13号
電話092（771）0132　FAX092（771）2546
http://www.kaichosha-f.co..jp
印刷・製本　九州コンピュータ印刷
［定価は表紙カバーに表示］
ISBN978-4-87415-643-8